全国中等职业学校数控加工类专业理实一体化教材
全国技工院校数控加工类专业理实一体化教材（中级技能层级）

钳工工艺与技能

（第二版）

（学生指导用书）

孙喜兵◎主编

中国劳动社会保障出版社

简介

本书主要内容包括钳工基本知识、划线、锯削、锉削、孔加工及螺纹加工、综合加工等。本书由孙喜兵任主编，徐小燕任副主编，赵钱、魏小兵、周青参加编写，高连勇任主审。

图书在版编目（CIP）数据

钳工工艺与技能（第二版）学生指导用书/孙喜兵主编. -- 北京：中国劳动社会保障出版社，2024.（全国中等职业学校数控加工类专业理实一体化教材）（全国技工院校数控加工类专业理实一体化教材：中级技能层级）. -- ISBN 978-7-5167-6525-8

Ⅰ. TG9

中国国家版本馆 CIP 数据核字第 202426EQ58 号

中国劳动社会保障出版社出版发行

（北京市惠新东街 1 号　邮政编码：100029）

*

保定市中画美凯印刷有限公司印刷装订　　新华书店经销

787 毫米 ×1092 毫米　16 开本　10 印张　190 千字

2024 年 6 月第 1 版　　2024 年 6 月第 1 次印刷

定价：21.00 元

营销中心电话：400-606-6496

出版社网址：http://www.class.com.cn

http://jg.class.com.cn

前　言

为了更好地适应全国技工院校数控加工类专业的教学要求，全面提升教学质量，人力资源社会保障部教材办公室组织全国有关学校的骨干教师和行业、企业专家，在充分调研企业生产和学校教学情况，广泛听取教师对教材使用反馈意见的基础上，对全国技工院校数控加工类专业理实一体化教材（中级技能层级）进行了修订。

本次教材修订工作的重点主要体现在以下几个方面：

第一，更新教材内容，体现时代发展。

根据数控加工类专业毕业生所从事岗位的实际需要和教学实际情况的变化，合理确定学生应具备的能力与知识结构，对部分教材内容及其深度、难度做了适当调整。

第二，反映技术发展，涵盖职业技能标准。

根据相关职业和专业领域的最新发展，在教材中充实新知识、新技术、新设备、新工艺等方面的内容，体现教材的先进性。教材编写以国家职业技能标准为依据，内容涵盖钳工、车工、铣工、电切削工等国家职业技能标准的知识和技能要求。

第三，精心设计形式，激发学习兴趣。

在教材内容的呈现形式上，尽可能利用图片、实物照片和表格等形式将知识点生动地展示出来，力求让学生更直观地理解和掌握所学内容。针对不同的知识点，设计了许多贴近实际的互动栏目，以激发学生的学习兴趣，使教材“易教易学，易懂易用”。

第四，开发配套资源，提供教学服务。

本套教材配有学生指导用书和方便教师上课使用的多媒体电子课件，可以通过技工教育网（http：//jg.class.com.cn）下载。另外，在部分教材中使用了二维码技术，针对教材中的教学重点和难点制作了动画、视频、微课等多媒体资源，学生使用移动终端扫描二维码即可在线观看相应内容。

第五，升级印刷工艺，提升阅读体验。

部分教材将传统黑白印刷升级为四色印刷，提升学生的阅读体验，使教材中的插图、表格等内容更加清晰、明了，更符合学生的认知习惯。

本次教材的修订工作得到了江苏、山东等省人力资源和社会保障厅及有关学校的大力支持，在此我们表示诚挚的谢意。

人力资源社会保障部教材办公室

2023 年 12 月

目 录

项目一
钳工基本知识

任务一 认 识 钳 工

任务描述

随着机械工业的发展，许多繁重的工作已被机械加工所代替，但有些精度高、形状复杂工件的加工以及设备的安装、调试与维修是机床切削加工难以完成的，这些工作仍需靠钳工精湛的技艺完成。因此，钳工是机械制造业中不可缺少的工种。

人们利用手工工具可以从事机械零件的加工、机器的装配与调试、设备的安装与维修、模具的制造与修理等工作，如图 1–1 所示为利用手工工具进行机械装调工作。

本任务是通过参观钳工实训车间，熟悉钳工的工作环境，了解钳工的工作任务，认识钳工常用的设备和工具。

图 1–1　机械装调

学习活动一　钳工安全文明生产认知

一、钳工操作着装规定

在进入钳工工作场地前，需要穿戴好个人防护用品，仔细观察图 1–2 所示的钳工操作者着装，指出着装有无问题，并说出应如何着装。

a)

b)

c)

图 1–2　钳工操作者着装

图 1–2a 存在的问题：

图 1–2b 存在的问题：

图 1–2c 存在的问题：

着装的要求如下：

二、安全文明生产

1. 简述实习场地的安全文明生产常识要求。

2. 首次进入生产现场应做到哪几点?

学习活动二　钳工设备和基本操作认知

一、钳工常用设备认知

1. 指出图 1–3 所示钳工常用设备的名称，并在对应的横线处写出其功用。

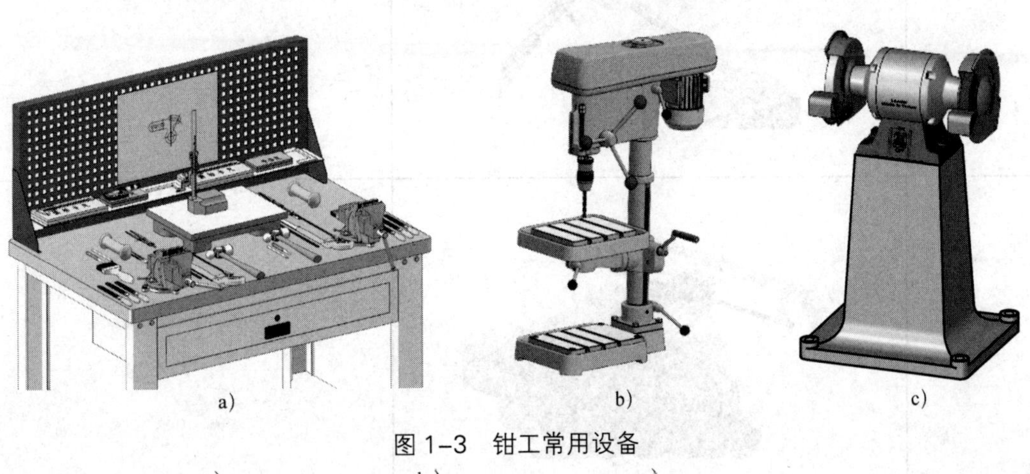

a)　　b)　　c)

图 1–3　钳工常用设备

a）______________　b）______________　c）______________

图 1–3a：____。

图 1–3b：____。

图 1–3c：____。

2. 在钳工实习场地抄录图 1–3b 和图 1–3c 所示钳工设备的操作规程。

图 1–3b：

图 1–3c：

二、钳工基本操作认知

在表 1–1 中根据图示填出钳工基本操作名称，并对图示内容进行技能描述。

表 1–1　钳工基本操作

基本操作	图示	技能描述
	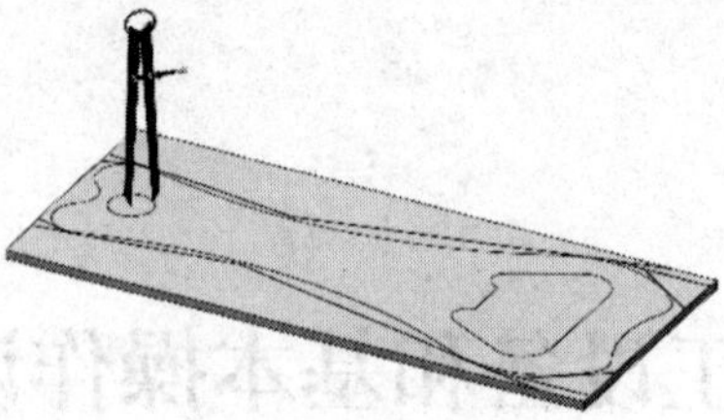	

续表

基本操作	图示	技能描述
	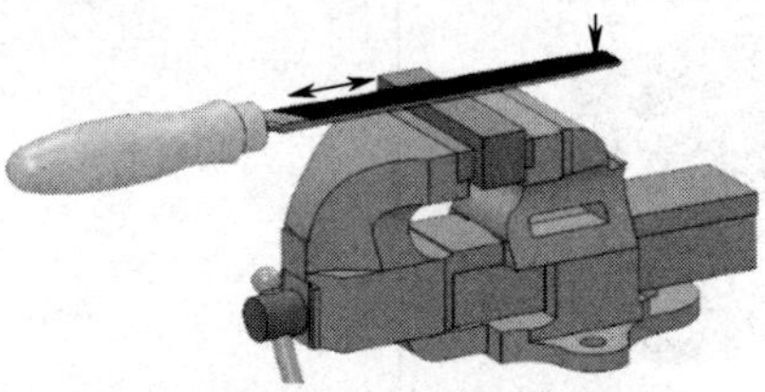	
	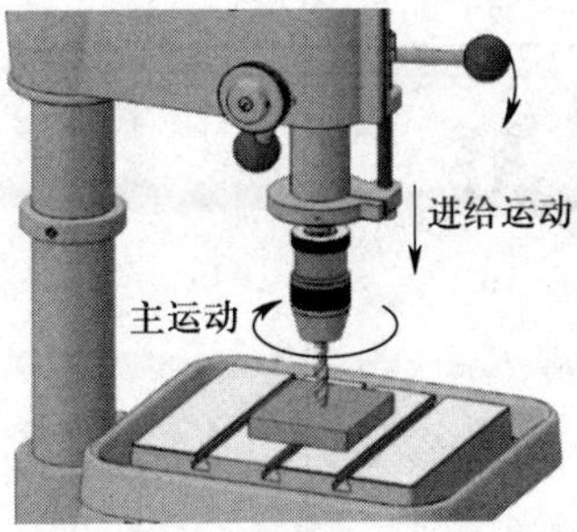	
	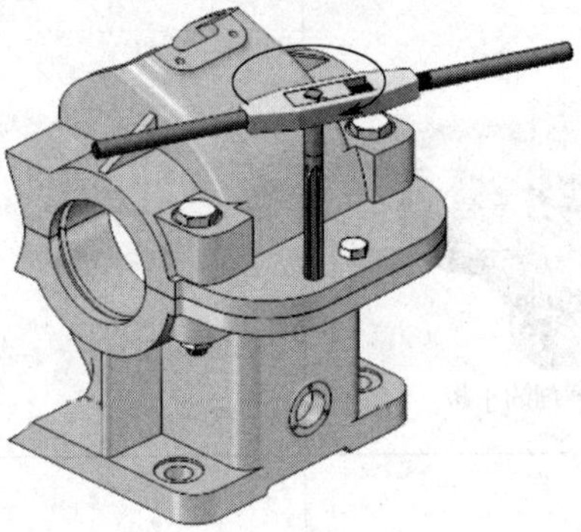	
	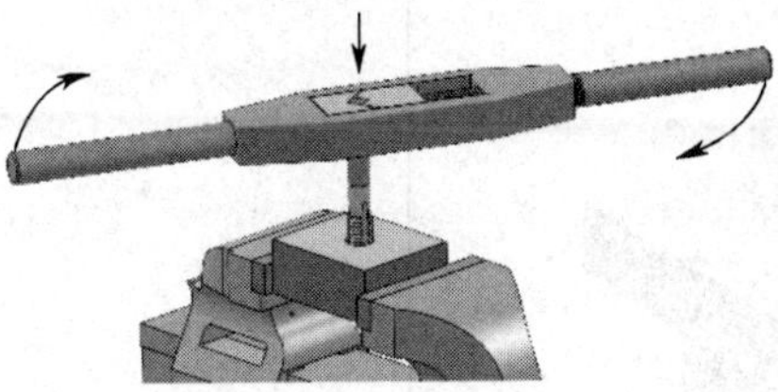	
	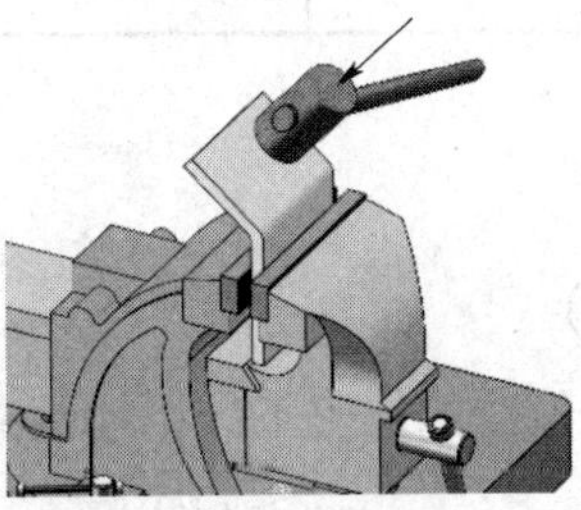	

续表

基本操作	图示	技能描述
	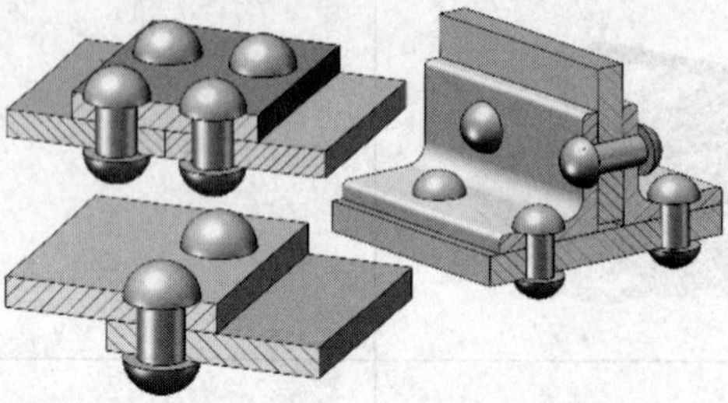	

	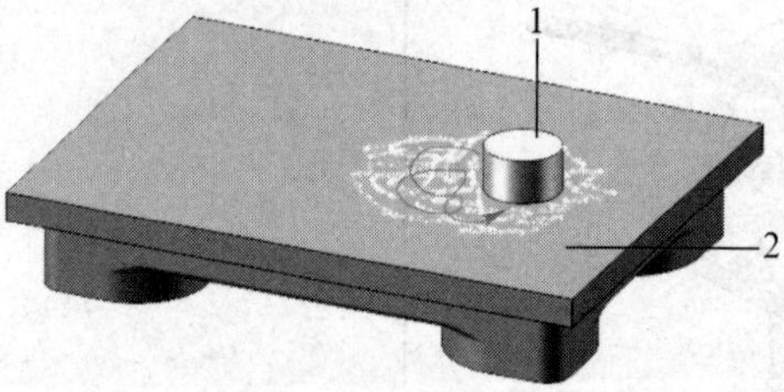 1—工件　2—涂有研磨剂的平板	
	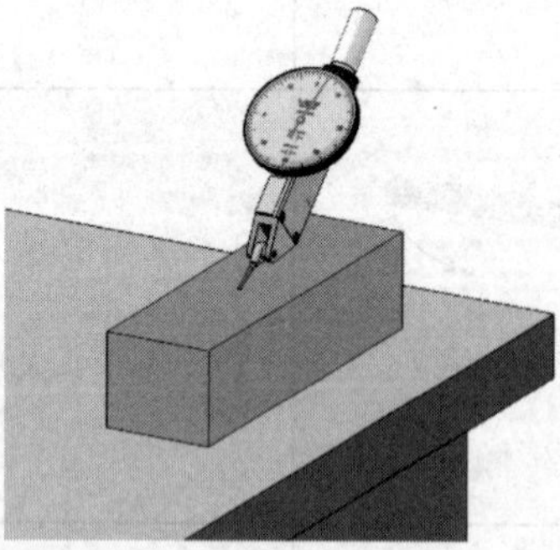	

巩固与提高

一、填空题（将正确答案填写在横线上）

1. 一些采用机床切削加工不适宜或不能解决的加工工作，都可由钳工来完成，如工件加工过程中的________、________、________、________、锉削以及________和________等。

2. 装配是指把________按机械设备的________________________进行________________、________________和____________，并经过________、________及________等，使之成为合格的机械设备。

3. 工作时必须穿好工作服，袖口、衣服要扣好，要做到“三紧”，即____________、____________、____________。

4. 钳工工作台又称钳桌，是钳工专用的工作台，用于________________________并放置________、________、________等。

5. 根据图样的________________，用________________在毛坯或半成品上划出待加工部位的____________或________的操作方法称为划线。

6. 锉削是指用________对工件表面进行切削加工，使其达到________________的加工方法。

7. 用铰刀从工件孔壁上切除____________________，以提高孔的____________和________________的加工方法称为铰削。

8. 测量是指用________、________检测工件或产品的________、________和________是否符合图样技术要求的操作。

二、判断题（正确的打“√”，错误的打“×”）

1. 在车间行走时可以随意进入操作区域。（　　）

2. 量具不能与工件和工具混放。（　　）

3. 为防止看不清操作过程，在砂轮间内操作时不一定要戴防护眼镜。（　　）

4. 钻孔时不能戴手套，长发女生需要戴工作帽。（　　）

5. 将毛坯弯成所需要形状的加工方法称为矫正。（　　）

三、简答题

1. 简述钳工装配和调试操作的内容。

2. 钻床的功用是什么？常用的钻床有哪几种？

3. 简述进入钳工工作场地的着装规定。

任务二　台虎钳的使用与维护

任务描述

台虎钳是钳工常用的设备之一，它是用来夹持工件的通用工具，钳工的许多基本操作都是在该设备上完成的。

本任务主要介绍台虎钳的种类与结构，进行台虎钳的使用与维护训练，使学生掌握台虎钳的使用方法；熟悉并掌握台虎钳日常维护的一般步骤和方法；养成良好的工作习惯，为以后钳工实习做好准备。

学习活动一　认知台虎钳

一、台虎钳的种类与结构

1. 台虎钳是用来夹持工件的通用工具，其类型有固定式和回转式两种，在图 1–4 中写出台虎钳的种类并指出其不同之处。

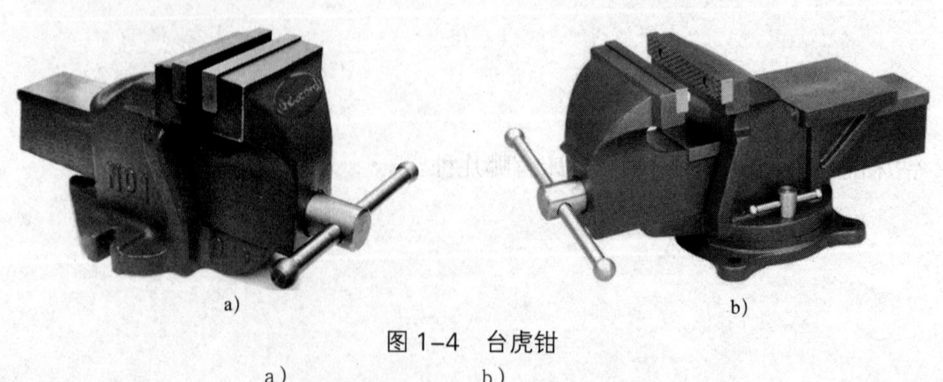

a）　　b）

图 1–4　台虎钳

a）______________　b）______________

不同之处：____
____。

2. 在横线上写出图 1–5 所示回转式台虎钳各组成零件的名称。

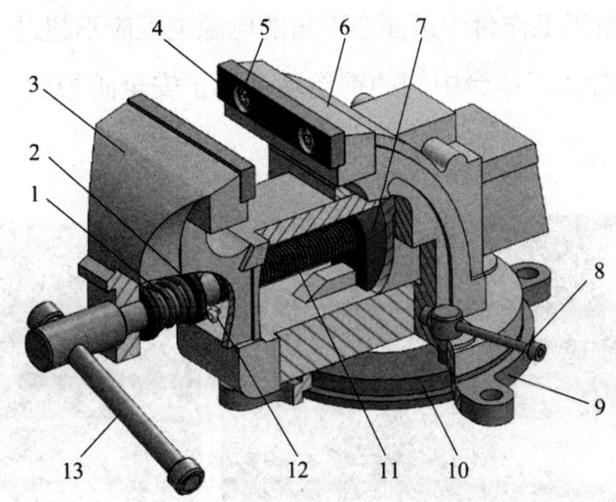

图 1–5　回转式台虎钳的结构

1—______________ 2—______________ 3—______________ 4—______________ 5—______________

6—______________ 7—______________ 8—______________ 9—______________ 10—______________

11—______________ 12—______________ 13—______________

3. 根据图 1–5 叙述回转式台虎钳的工作原理。

二、使用钳工工作台及操作台虎钳时的安全问题

1. 根据图 1–6 所示的钳工工作台判断下列描述是否正确（正确的打“√”，错误的打“×”）。

（1）图 1–6a 所示钳工工作台中桌面左下角的电源电压应不超过 36 V。 （　　）

（2）图 1–6b 所示钳工工作台中间的钢丝网是用于安全防护的，防止操作中伤到对面的操作者。 （　　）

a)

b)

图 1–6　钳工工作台

2. 判断图 1–7 中台虎钳夹紧操作的正误，在对应的横线上写出正确或者错误，并在下方横线上写出错误的原因。

a)

b)

图 1–7　台虎钳夹紧操作

a）________　b）________

____

____

____

3. 指出图 1–8 中操作台虎钳出现的不正确行为。

图 1–8　台虎钳操作

4. 判断图 1–9 所示台虎钳上进行的錾削操作是否正确，并说明原因。

图 1–9　錾削操作

学习活动二 台虎钳的使用与维护知识

一、台虎钳的型号和规格

观察台虎钳，写出其型号和规格。

二、台虎钳的使用与维护

在表 1-2 中根据图示填出拆卸台虎钳的操作步骤、操作要点与要求。

表 1-2 拆卸台虎钳的操作步骤、操作要点与要求

操作步骤	图示	操作要点与要求
		操作要点：
		要求：
		操作要点：
		要求：
		操作要点：
		要求：

续表

操作步骤	图示	操作要点与要求
	夹紧盘	操作要点： 要求：
	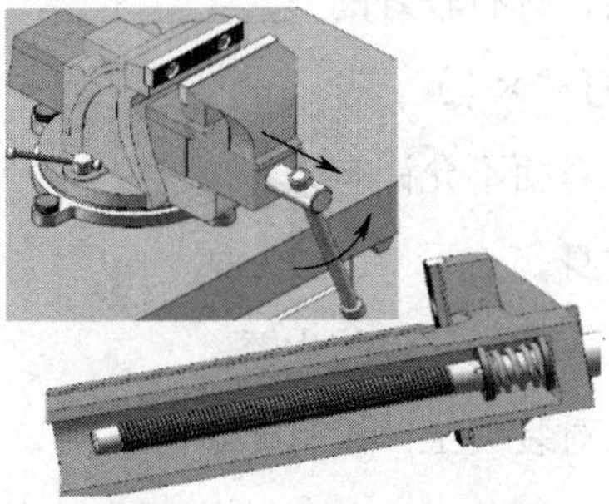	操作要点： 要求：
	丝杆螺母	操作要点： 要求：

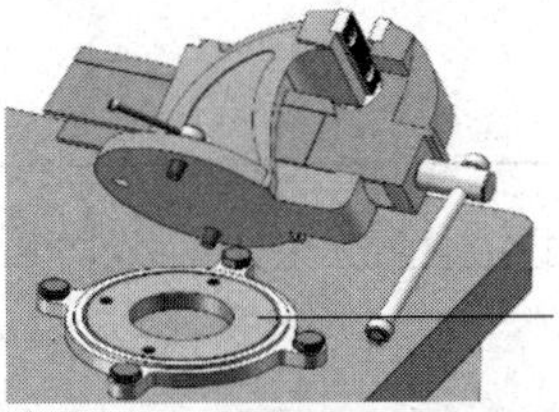

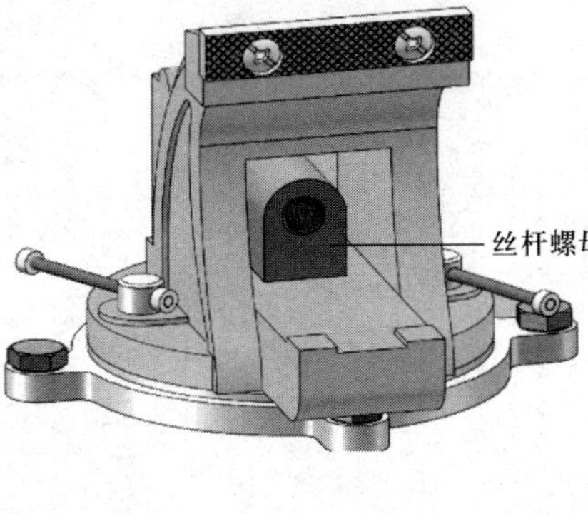

巩固与提高

一、填空题（将正确答案填写在横线上）

1. 台虎钳是用来________________的通用工具，其类型有____________和____________两种。

2. 回转式台虎钳的活动钳身通过________与____________________________做滑动配合。丝杆装在活动钳身上，可以________，但不能________________，它与安装在固定钳身内的丝杆螺母配合。

3. 如因条件所限需要面对面使用钳工工作台时，必须设置______________________的____________。

4. 钳工工作台装上台虎钳后，钳口高度应以______________________________________为宜。

5. 台虎钳钳口经过淬火后________提高，具有较好的____________。

二、判断题（正确的打“√”，错误的打“×”）

1. 操作者站在钳工工作台的一面工作，对面不允许有人。（　　）

2. 强力作业时，应尽量使力背向固定钳身。（　　）

3. 对丝杆、螺母等活动表面应经常清洗、润滑，以防生锈。（　　）

4. 台虎钳钳口网纹的作用是为了美观，对装夹工件没有影响。（　　）

5. 丝杆螺母固定螺钉的作用是将丝杆螺母压住，因此需要夹紧，以确保丝杆螺母不能回转。（　　）

三、简答题

1. 简述使用钳工工作台的安全与文明要求。

2. 简述使用台虎钳的安全与文明要求。

3. 简述维护台虎钳时，丝杆维护与保养的操作要点和要求。

项目二
划　　线

任务一　划线工具的使用

任务描述

根据图样要求，在毛坯或工件上用划线工具划出待加工部位的轮廓线或作为找正、检查依据的辅助线称为划线，划线是进行其他操作的基础。

本任务是使用划线工具，在 200 mm × 150 mm × 2 mm 的薄钢板上划出图 2-1 所示摆角样板的定位线和轮廓线，从而掌握划线的基本技能。

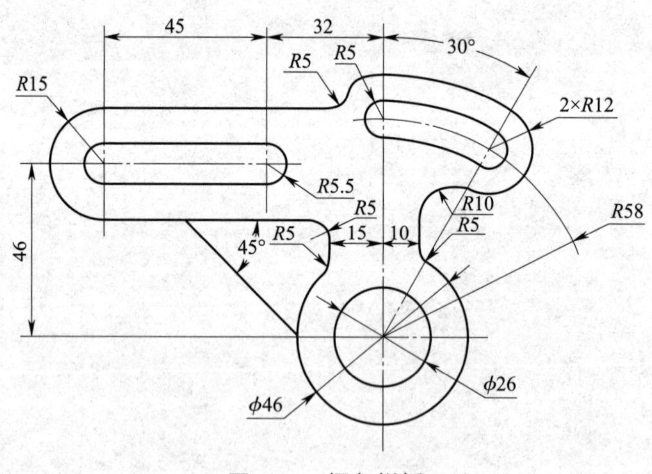

图 2-1　摆角样板

学习活动一 划线基本知识

一、划线的概念及其作用

1. 划线是机械加工的重要工序之一，查阅相关资料，简述划线的作用和要求。

2. 如图 2–2 所示，在图下横线上写出划线的种类。

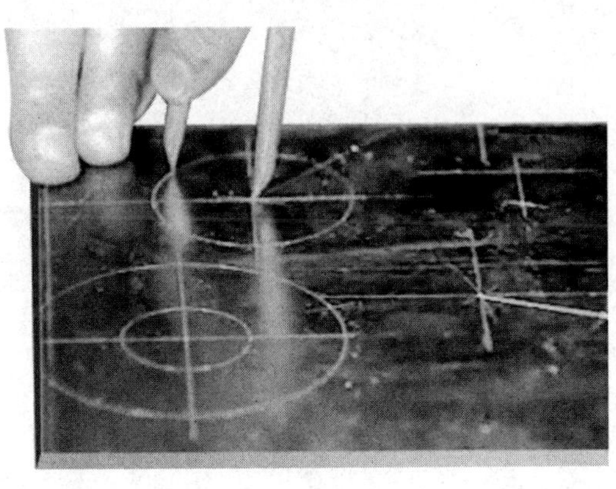

a)

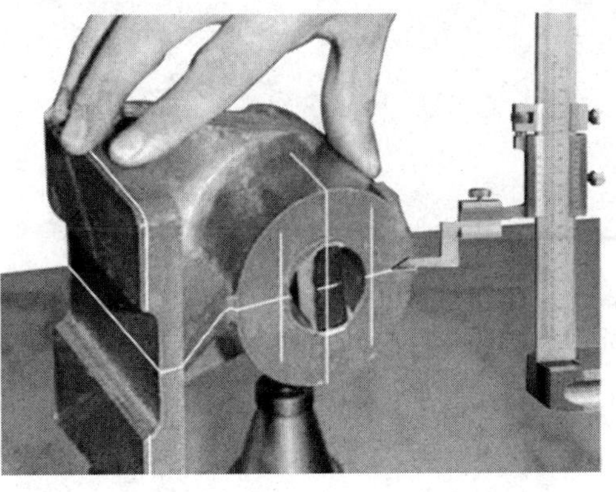

b)

图 2–2 划线的种类

a）______________ b）______________

二、平面划线的基准

1. 在图 2–3 中标出各零件的划线基准。

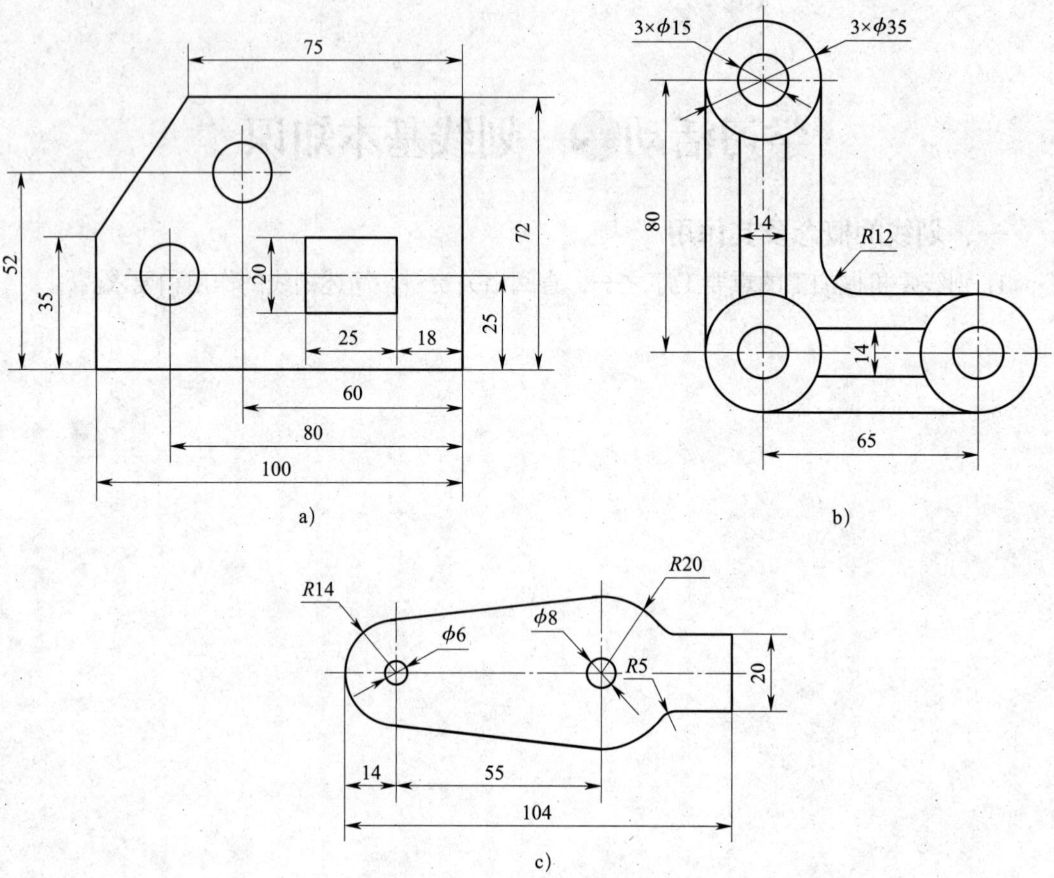

a）

b）

c）

图 2–3　划线基准的类型

2. 图 2–3 所示各工件选择划线基准的依据是什么？

3. 零件的轮廓经常由多个圆弧构成，划线时会遇到圆弧与两圆内切或外切的情况。查阅教材和相关资料，简述图 2-4 所示图形中圆弧的划线方法。

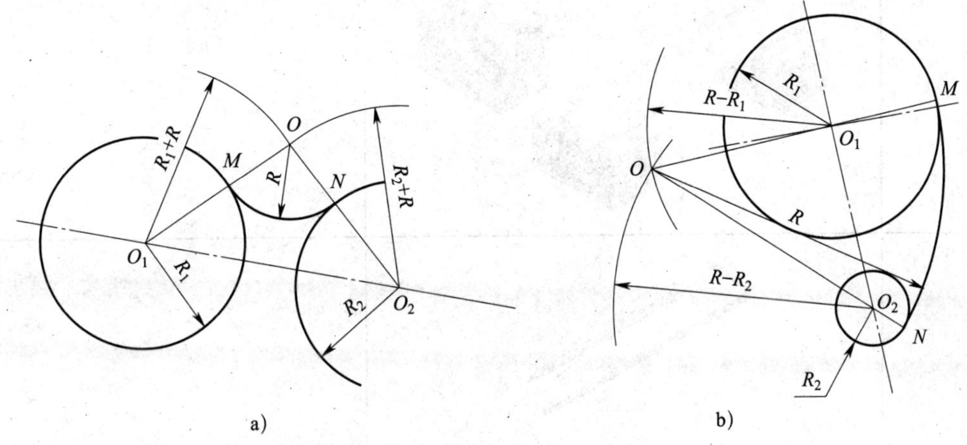

图 2-4 圆弧的划线方法

a）圆弧与两圆外切 b）圆弧与两圆内切

学习活动二 划线工具及使用方法

一、划线工具的认知

在表 2-1 中根据图示写出常用划线工具的名称及其功能特点。

表 2-1 常用划线工具及其功能特点

划线工具	图示	功能特点

续表

划线工具	图示	功能特点
	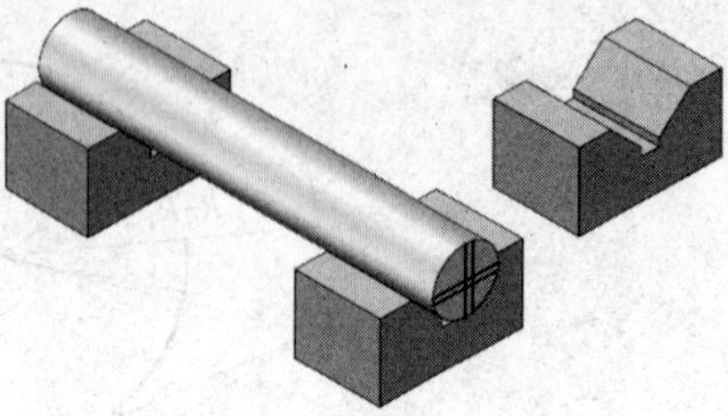	
	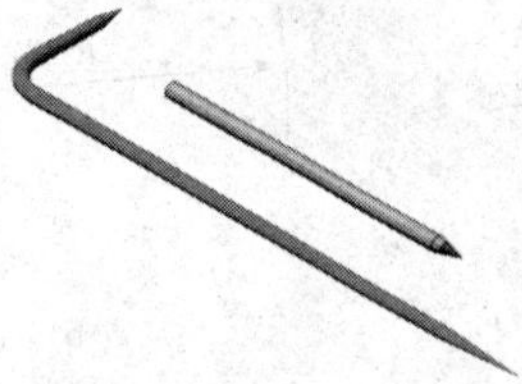	
	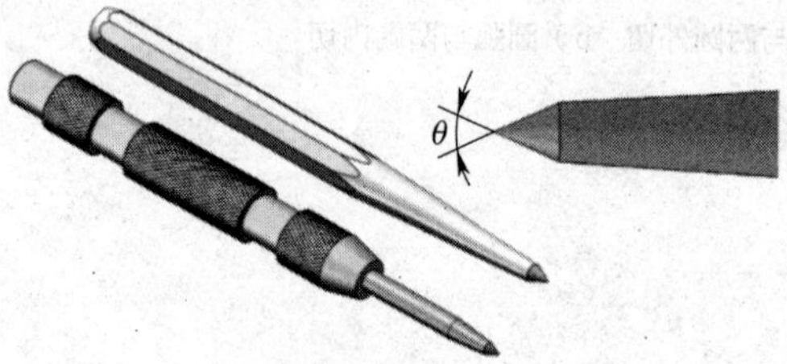 θ	

	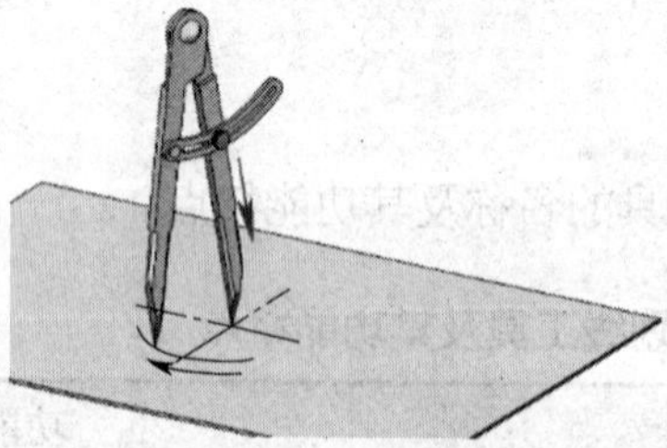	
	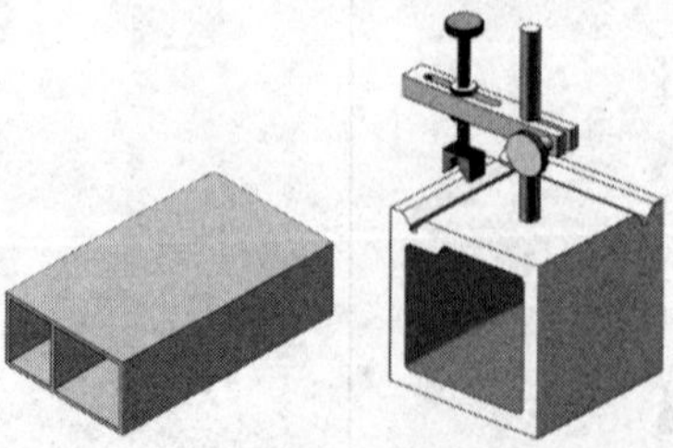	

二、划线方法

1. 划针使用时的注意事项有哪些?

2. 划线平板保养时应注意哪些问题?

3. 用图 2–5a 所示的方法，把图 2–5b 中所需打的样冲眼用黑点表示出来。

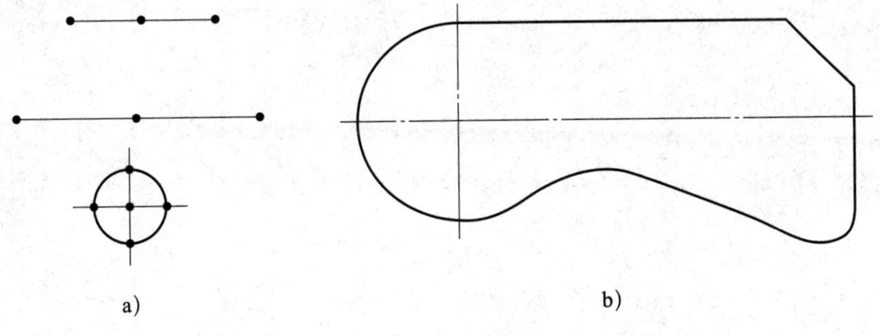

图 2–5　样冲眼

4. 阐述图 2–5 中样冲眼冲点时的方法和要求。

5. 根据图 2–6 所示凹块零件图写出划线步骤。

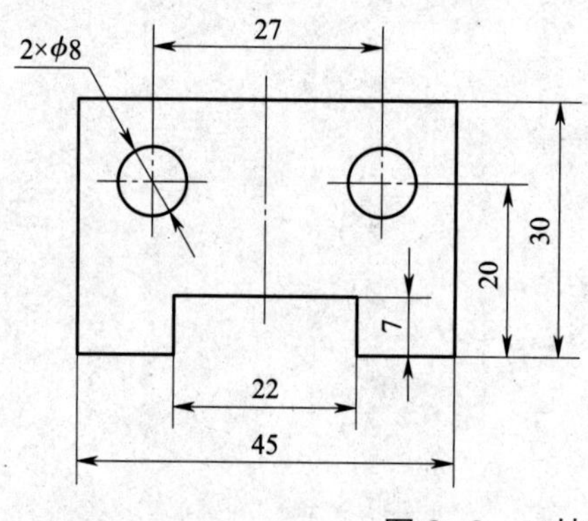

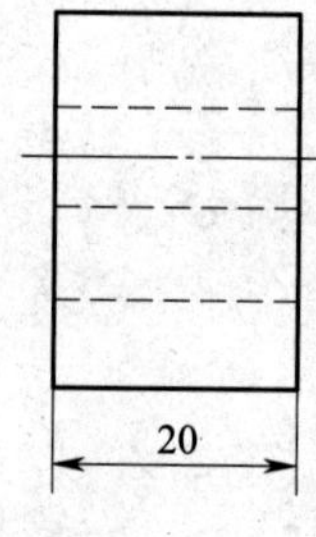

图 2–6　凹块

巩固与提高

一、填空题（将正确答案填写在横线上）

1. 划线分为________划线和________划线两种。平面划线是指在工件的____________内进行的划线。

2. 划线的作用是明确尺寸界线，确定工件的________________。

3. 划线除要求划出的线条________、________外，最重要的是保证________________。

4. 立体划线是指在工件的____________________内进行的划线。

5. 在设计图样上所采用的基准称为________________。

6. V 形架主要用来支承有________________的工件，常用________或________制成，其外形相邻各面________________，V 形槽一般成________或________角。

7. 划针用来在工件上划线条，用______________或______________制成，直径一般为____________mm，尖端磨成________________的尖角，并经____________使其硬化。

二、判断题（正确的打“√”，错误的打“×”）

1. 平面划线时，一般只要确定好两条相互垂直的基准线，就能把平面上所有点、线、面的相互关系确定下来。（　　）

2. 在立体划线中，应注意使长、宽、高三个方向的线条互相垂直。（　　）

3. 划线不能补救有误差的毛坯。（　　）

4. 要定期按有关规定对划线平板进行检查、调整及研修。（　　）

5. 游标高度卡尺不可作为精密划线工具。（　　）

6. 用样冲冲点时，短直线由于距离短，只要首尾两个冲点即可。（　　）

7. 在薄壁或光滑表面上冲点要浅，在粗糙表面上冲点要深些。（　　）

三、简答题

1. 简述划线平板的使用及保养规则。

2. 确定划线基准应遵循的原则是什么？

3. 简述冲点的方法和要求。

任务二　圆钢棒料的划线

任务描述

任务一中，在 200 mm × 150 mm × 2 mm 的薄钢板上进行了摆角样板的划线训练，体验了同一图形在图纸上绘制与在薄钢板上划线的不同。本任务是根据图 2–7b 所示的技能训练图要求，利用划线工具在图 2–7a 所示 ϕ35 mm × 122 mm 的圆钢棒料上划出（22 ± 0.2）mm ×（22 ± 0.2）mm × 122 mm 的长方体加工线。

进行立体划线前，应初步认识划线时找正和借料的方法，掌握利用 V 形架在圆钢棒料上划出长方体加工线的方法。

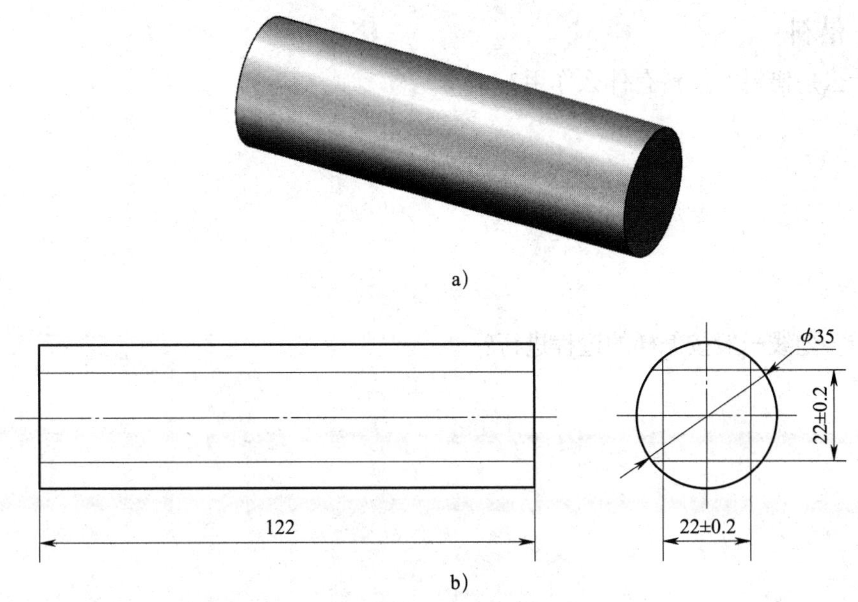

图 2-7 圆钢棒料划线技能训练图
a）圆钢棒料 b）划线技能训练图

学习活动一 圆钢棒料划线的工艺和方法

一、找正

1. 什么是找正？划线时为什么要找正？

2. 简述找正时的注意事项。

二、借料

1. 什么是借料？借料有什么作用？

2. 借料划线一般按怎样的过程进行？

3. 现有一个圆环毛坯，其外圆为 ϕ69 mm，内孔为 ϕ25 mm，由于铸造缺陷，使得内、外圆圆心偏移了 5 mm。圆环零件图要求内、外圆都加工，内孔为 ϕ32 mm，外圆为 ϕ62 mm。试用 1∶1 的比例画图并计算借料方向和大小。

4. 借料的注意事项有哪些？

学习活动二 圆钢棒料的立体划线

一、加工准备

1. 分析零件图，明确任务要求，在表 2–2 中列出所需工具、量具和刃具清单，并领取工具、量具和刃具。

表 2–2 工具、量具和刃具清单

序号	名称	规格	数量	备注
1				
2				
3				
4				
5				
6				
7				
8				
9				
10				
11				
12				

2. 圆钢棒料划线前应做哪些准备工作？

二、圆钢棒料的立体划线

1. 圆钢棒料划线时，如何划出相互垂直的中心线？

2. 划线时如何保证端面相对边的两条线平行？

3. 在表 2–3 中填入圆钢棒料划线的内容和操作过程。

表 2–3　圆钢棒料划线的内容和操作过程

步骤	划线内容	操作过程
1		
2		
3		
4		
5		

续表

步骤	划线内容	操作过程
6		
7		
8		
9		
10		

学习活动三　圆钢棒料划线的质量检验及分析

一、明确测量要素和要求并领取量具

1. 根据圆钢棒料划线的过程和测量要素，领取检测量具并说明量具的名称、规格和检测内容，填入表 2–4 中。

表 2–4　量具的名称、规格和检测内容

序号	量具名称和规格	检测内容
1		
2		
3		
4		

2. 根据立体划线操作步骤，分析本任务中需要用到的刀口形直角尺的作用和使用方法。

二、立体划线质量检测

按表 2–5 所列项目与技术要求检测圆钢棒料，将检测结果填入表中，并根据评分标准给出得分。

表 2–5　圆钢棒料划线训练成绩评定

序号	项目与技术要求	配分	检测结果		得分
			学生自测	教师检测	
1	涂色薄而均匀	10			
2	线条清晰且无重线（16 条）	1 × 16			
3	图形正确，呈正方形（2 处）	6 × 2			
4	（22 ± 0.2）mm（4 处）	4 × 4			
5	样冲眼偏离线条不大于 0.5 mm（32 处）	0.5 × 32			
6	样冲眼分布合理	10			
7	使用工具正确，操作姿势正确	10			
8	安全文明生产	10			
合计		100			

三、立体划线质量分析

对不合格项目及其产生原因进行分析和讨论，提出预防和改进措施，填入表 2–6。

表 2–6　加工质量分析表

不合格项目	产生原因	预防和改进措施

四、工具和量具的保养与归还

所用工具应清理干净，检查其完好性，有活动部件的工具要对其活动部件做好润滑处理。

应先检查所用量具的完好性并松开其紧固装置，使用柔软的布或纸擦拭量具表面，去除污渍，然后在测量面和活动表面涂防锈油；有专用保护盒的量具应按要求将其放入盒中。

对所有工具和量具按以上要求进行保养并分门别类整理好后归还。

五、工作总结

1. 通过对圆钢棒料划线练习，学习了划线的哪些工艺知识？

2. 通过对圆钢棒料划线练习，简述立体划线技能有哪些关键点。

3. 试结合本任务完成情况，从工艺知识、划线过程、划线质量、安全文明生产和团队协作等方面撰写工作总结。

巩固与提高

一、填空题（将正确答案填写在横线上）

1. 找正是指利用________使工件上有关毛坯表面处于________的位置。

2. 借料是指通过________和________，合理分配各加工表面的________________，通过互相借用________，从而保证各加工表面都有____________加工余量，而误差和缺陷可在加工后排除。

二、判断题（正确的打“√”，错误的打“×”）

1. 划线是机械加工的重要工序，广泛地用于成批生产和大量生产。（　　）

2. 当工件上有两个以上的不加工表面时，应选择其中面积较小、较次要的或外观质量要求较低的表面为主要找正依据。（　　）

3. 无论工件上的误差或缺陷有多大，都可采用借料的方法来补救。（　　）

三、简答题

1. 简述找正的目的。

2. 简述借料的注意事项。

项目三
锯　　削

任务一　锯削姿势练习

任务描述

本任务是通过在图 3-1a 所示的铸铁件毛坯上进行锯削姿势训练，使学生掌握正确的锯削姿势和动作要领，并初步掌握锯削的基本操作技能。

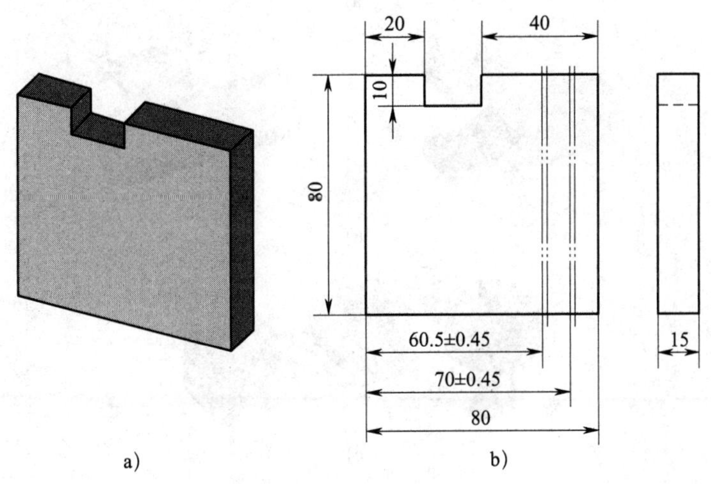

图 3-1　锯削技能训练图
a）锯削姿势练习用毛坯　b）零件图

学生先在图 3-1b 所示的 80 mm × 80 mm × 15 mm 铸铁件上按尺寸（70 ± 0.45）mm 练习锯削姿势，待掌握一定的锯削技能后，再按尺寸（60.5 ± 0.45）mm 进行锯削练习。

学习活动一 认 知 锯 削

一、了解锯削及其用途

1. 观看钳加工的视频及查阅教材，叙述锯削的含义。

2. 钳工操作中需要去除大量材料时，常使用锯削加工，根据图 3–2 所示，写出锯削的用途。

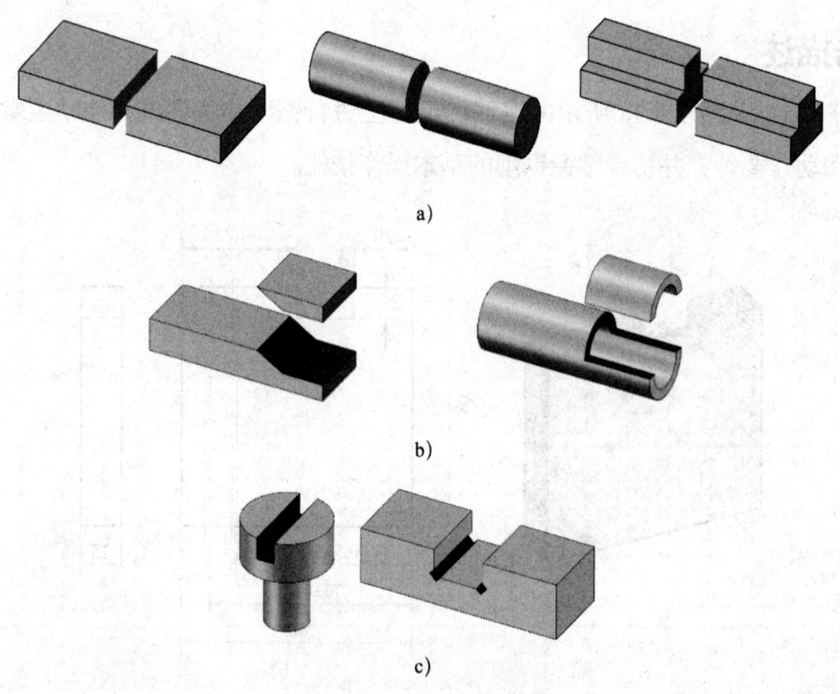

图 3–2 锯削的用途

图 3–2a 的用途：____。

图 3–2b 的用途：____。

图 3–2c 的用途：____。

二、了解锯削的常用工具

1. 如图 3–3 所示为常用手锯，阅读教材并说明手锯的组成。

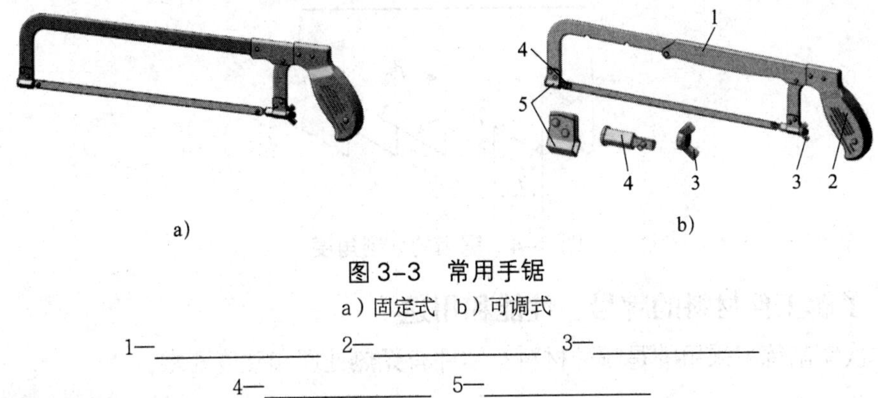

图 3-3 常用手锯

a）固定式 b）可调式

1—＿＿＿＿＿＿ 2—＿＿＿＿＿＿ 3—＿＿＿＿＿＿

4—＿＿＿＿＿＿ 5—＿＿＿＿＿＿

2. 锯条是锯削常用的工具，观察你所使用的锯条，其规格是＿＿＿＿＿＿mm，锯条的规格是以＿＿＿＿＿＿＿＿＿＿表示的。

3. 什么是锯路？其作用是什么？有哪些种类？

4. 锯齿的粗细是以锯条每 25 mm 长度内的锯齿数来表示的。阅读教材及查阅相关资料，在表 3-1 中填写粗齿、中齿、细齿锯条的齿数和应用。

表 3-1 锯齿的粗细规格和应用

锯齿规格	长 × 宽 × 齿距 / mm × mm × mm	每 25 mm 长度内的齿数	应用
粗			
中			
细			
细变中			

5. 锯齿的切削角度使各齿的作用相当于一排形状相同的錾子，每个齿都参与切削，如图 3-4 所示，一般前角 γ_o=＿＿＿＿，后角 α_o=＿＿＿＿，楔角 β_o=＿＿＿＿。

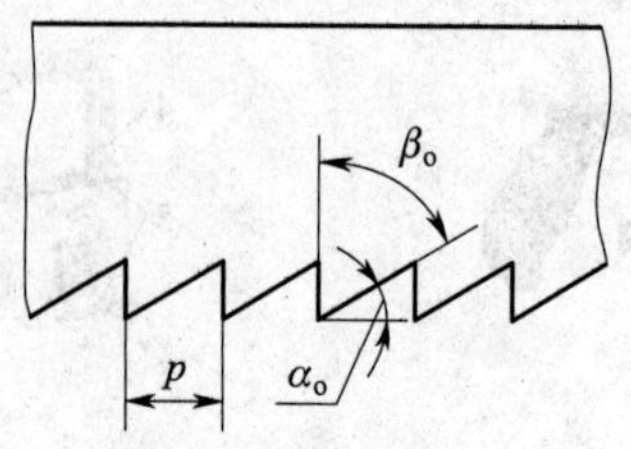

图 3–4 锯齿的切削角度

三、了解工件材料的牌号、性能和用途

1. 本次锯削练习采用的是哪种材料？零件有无热处理和硬度要求？

2. 常用铸铁的种类有哪些？各自的应用场合有哪些？

3. 灰铸铁的化学成分是什么？灰铸铁具有怎样的力学性能？

4. 生产中常用什么方法改善灰铸铁的性能？改善后的性能有哪些提升？

学习活动二 锯削姿势练习及锯削操作

一、锯削方法

1. 锯削时对工件的装夹有什么要求?

2. 判断图 3–5 中锯条的安装是否正确，为什么?

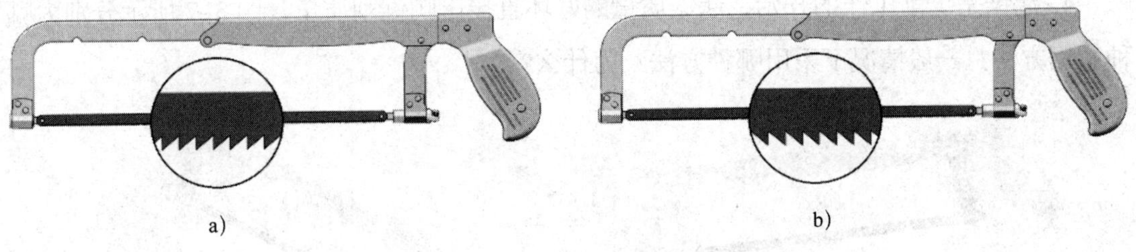

图 3–5 锯条的安装

图 3–5a：

图 3–5b：

3. 如图 3–6 所示为锯削时的站立位置，阅读教材并查阅相关资料，说明锯削时对站立位置和手锯握法的要求。

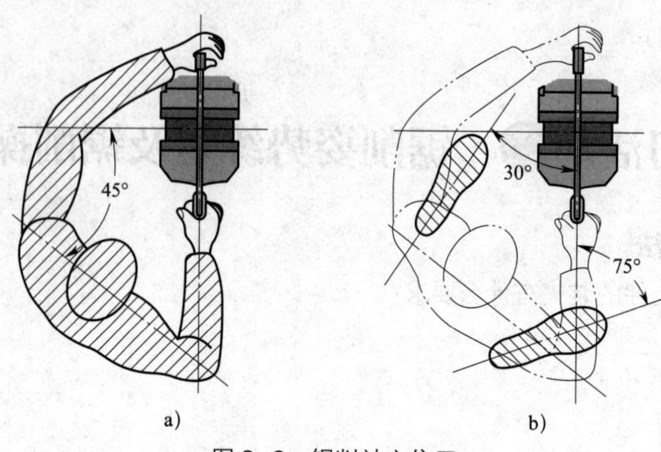

图 3–6　锯削站立位置

a）锯削时身体位置　b）锯削步位

4. 起锯是锯削工作的开始，起锯质量的好坏直接影响锯削质量，图 3–7 所示分别为哪种起锯方法？一般情况下采用哪种方法？为什么？

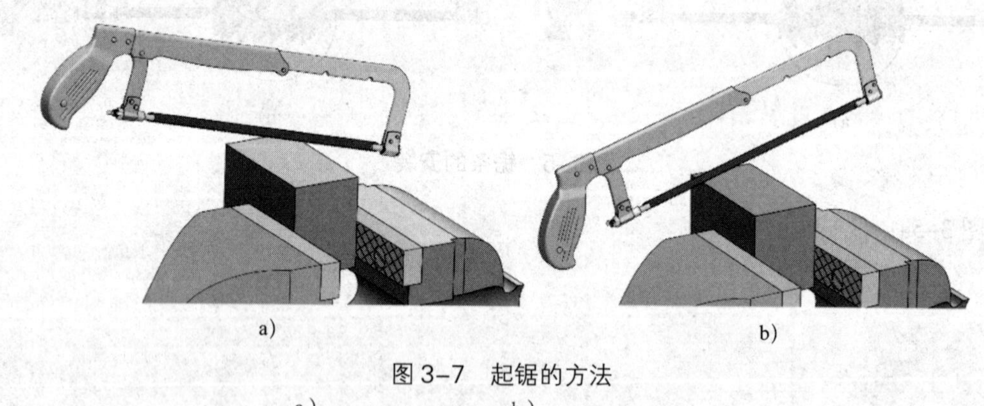

图 3–7　起锯的方法

a）＿＿＿＿＿＿　b）＿＿＿＿＿＿

一般采用的方法是＿＿＿＿＿＿，原因是＿＿。

二、锯削操作的步骤

结合锯削实际操作，在表 3–2 中填写锯削操作步骤名称、操作方法和注意要点。

表 3–2 锯削操作步骤名称、操作方法和注意要点

序号	步骤名称	操作方法	注意要点
1			
2			
3			
4			
5			

三、锯削操作注意事项

阅读教材并查阅相关资料，在表 3–3 中填写锯削操作中出现的不正确姿势并分析产生的原因。

表 3–3 锯削操作姿势问题及产生的原因

序号	操作中出现的不正确姿势	产生的原因
1		
2		
3		
4		

学习活动二 锯削操作的质量检验及分析

一、明确测量要素和要求并领取量具

1. 图 3–1 所示锯削技能训练图中的（60.5 ± 0.45）mm 用什么量具测量？如何测量？

2. 明确锯削操作的测量要素，领取检测量具并说明量具的名称、规格和检测内容，填入表 3–4 中。

表 3–4 量具的名称、规格和检测内容

序号	量具名称和规格	检测内容
1		
2		
3		

二、加工质量检测

按表 3–5 所列项目与技术要求检测铸铁件，将检测结果填入表中，并根据评分标准给出得分。

表 3–5 锯削姿势训练成绩评定

序号	项目与技术要求	配分	检测结果		得分
			学生自测	教师检测	
1	（70 ± 0.45）mm	25			
2	（60.5 ± 0.45）mm	25			
3	锯条安装正确	10			
4	锯削姿势正确	20			
5	锯削断面纹路整齐	10			
6	去毛刺	5			
7	安全文明生产	5			
合计		100			

三、加工质量分析

对不合格项目及其产生原因进行分析和讨论，提出预防和改进措施，填入表 3-6 中。

表 3-6　加工质量分析表

不合格项目	产生原因	预防和改进措施

四、工具和量具的保养与归还

所用工具应清理干净，检查其完好性，有活动部件的工具要对其活动部件做好润滑处理。

应先检查所用量具的完好性并松开其紧固装置，使用柔软的布或纸擦拭量具表面，去除污渍，然后在测量面和活动表面涂防锈油；有专用保护盒的量具应按要求将其放入盒中。

对所有工具和量具按以上要求进行保养并分门别类整理好后归还。

五、工作总结

1. 通过锯削操作姿势及锯削加工练习，学习了锯削的哪些工艺知识？

2. 通过锯削加工练习，简述锯削技能有哪些关键点。

3. 试结合本任务完成情况，从工艺知识、加工过程、工件质量、安全文明生产和团队协作等方面撰写工作总结。

巩固与提高

一、填空题（将正确答案填写在横线上）

1. 锯削是指用________将工件材料________，或在工件上________________的工艺过程。

2. 手锯是由________和________两部分组成的，锯弓是用来______________________的工具，有__________和__________两种。

3. 锯条按使用场合不同可分为________________和________________两种。手用锯条一般是________mm 长的________齿锯条。

4. 锯齿的粗细规格是以____来表示的，一般分为________、________、________三种。

5. 工件夹持在台虎钳上锯削时，工件伸出钳口不应________（以锯缝离开钳口侧面约________mm 为宜），以防止工件在锯削时产生________。

6. 锯条安装后，要保证________________与________________________平行，不得倾斜和扭曲；否则，锯削时________极易歪斜。

二、判断题（正确的打“√”，错误的打“×”）

1. 固定式锯弓可以使用几种不同规格的锯条。（　　）

2. 锯削时右手满握锯柄，左手扶在锯弓前端。（　　）

3. 一般来说，粗齿锯条的容屑槽较大，适用于锯削硬材料或较大的切断面。（　　）

4. 为了减小锯缝两侧面对锯条的摩擦力，避免锯条被夹住或折断，在制造锯条时，使

锯齿按一定规律左右错开，排列成一定形状。 （ ）

5. 锯削时，推力和压力由左手控制，右手主要配合左手扶正锯弓，压力不要过大。

（ ）

6. 起锯时压力要小，行程要短。 （ ）

三、简答题

1. 怎样正确选择锯条的粗细规格？

2. 锯削时的起锯方式有哪几种？各自的特点是什么？

3. 简述起锯角大小对锯削的影响。

任务二　长方体的锯削

任务描述

学生根据图 3–8 所示的锯削技能训练图要求，在 ϕ35 mm × 122 mm 的圆钢棒料上锯削出（22 ± 0.2）mm ×（22 ± 0.2）mm × 122 mm 的长方体。本任务是在项目二任务二中完成的圆钢棒料的立体划线的基础上进行锯削练习，主要通过学生具体操作，在 45 钢棒料上锯削出图 3–8a 所示的长方体。

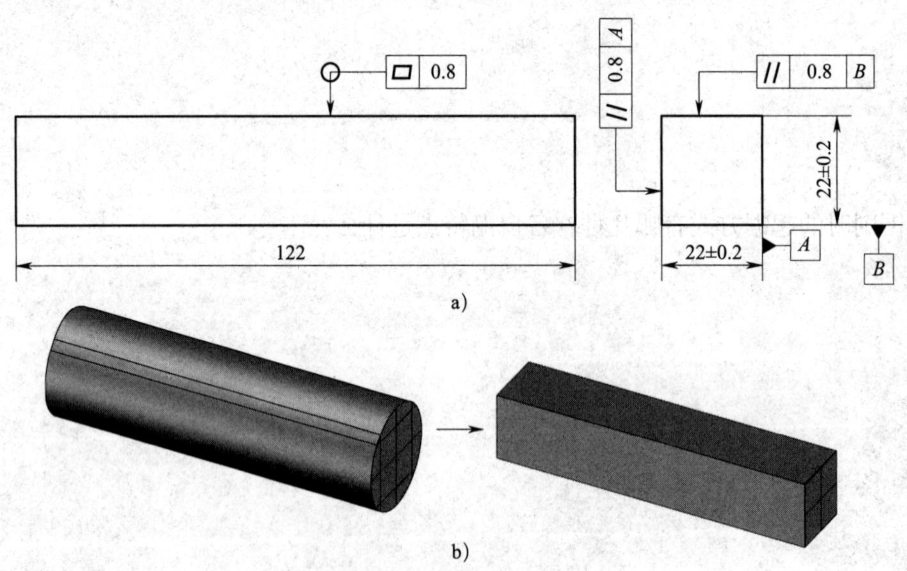

图 3–8　锯削技能训练图
a）零件图　b）锯削长方体

在机械制造和生产过程中常用到各种各样的金属材料和非金属材料，而金属材料中最典型、最传统的是铸铁件和钢件，本任务的棒料就是钢件。通过本任务的操作训练，进一步巩固锯削操作姿势，提高锯削基本操作技能，体会锯削不同材料的区别。

学习活动一 长方体锯削加工工艺与方法

一、了解工件材料的牌号、性能和用途

1. 本次锯削练习采用的是哪种材料？零件有无热处理和硬度要求？

2. 常用钢件的种类有哪些？各自的应用场合有哪些？

3. 45 钢的化学成分是什么？ 45 钢具有怎样的力学性能？

4. 生产中常用什么方法改善 45 钢的性能？改善后的性能有哪些提升？

二、游标卡尺的结构和刻线原理

1. 在横线上填出图 3–9 所示游标卡尺各部分结构的名称。

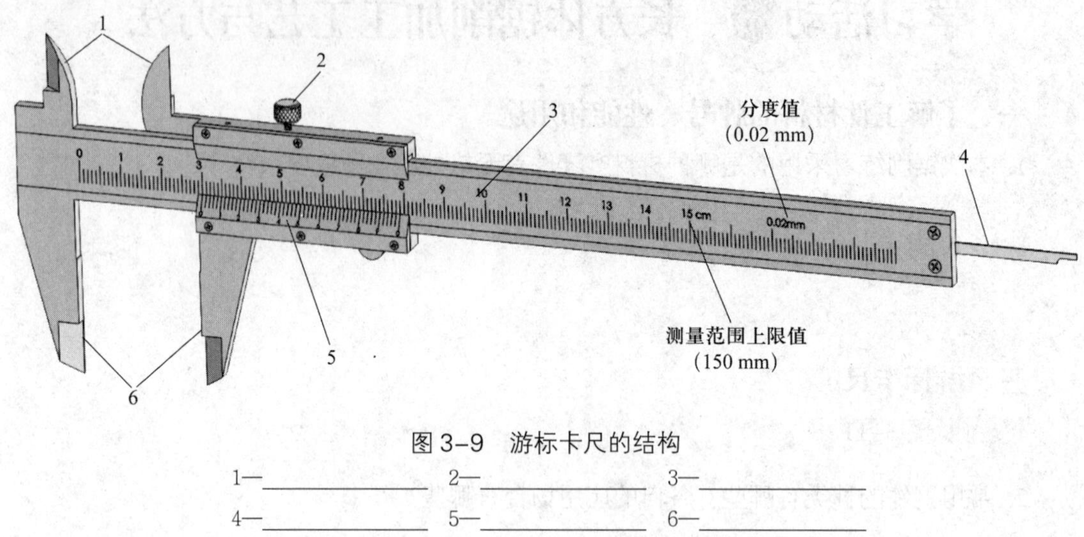

图 3–9　游标卡尺的结构

1—＿＿＿＿＿＿ 2—＿＿＿＿＿＿ 3—＿＿＿＿＿＿

4—＿＿＿＿＿＿ 5—＿＿＿＿＿＿ 6—＿＿＿＿＿＿

2. 简述图 3–9 所示游标卡尺的刻线原理。

3. 简述图 3–10 所示游标卡尺的读数方法并读出图中游标卡尺的示数。

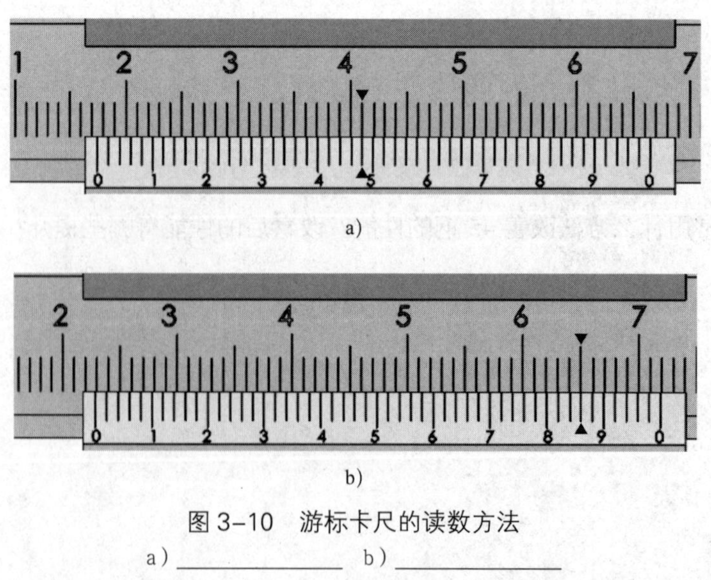

图 3–10　游标卡尺的读数方法

a）＿＿＿＿＿＿　b）＿＿＿＿＿＿

三、游标卡尺的使用与维护

1. 判断图 3–11 中游标卡尺使用的正误（在对应的横线上写出“正确”或者“错误”），并说明错误的原因。

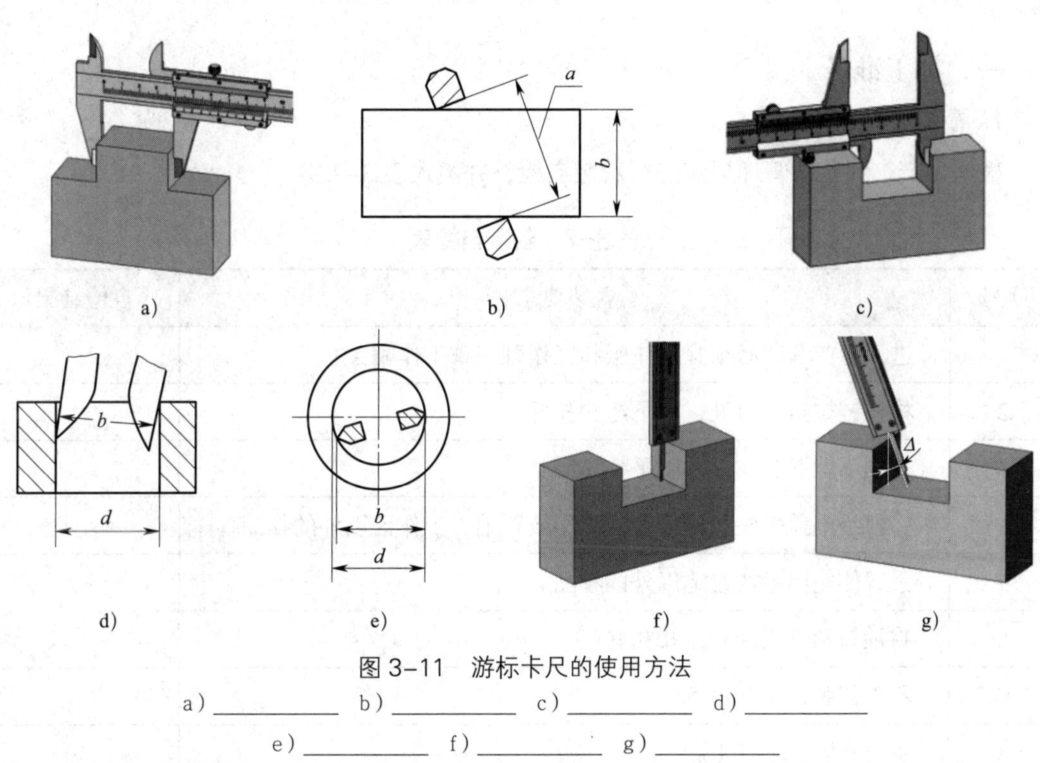

图 3–11　游标卡尺的使用方法

a）__________ b）__________ c）__________ d）__________

e）__________ f）__________ g）__________

2. 结合上题中出现的错误操作并阅读教材和相关资料，写出游标卡尺的测量要点和操作注意事项。

学习活动二 长方体锯削操作

一、加工准备

1. 着装

根据生产车间着装管理规定进行着装自检，并填入表3-7中。

表3-7 着装自检表

序号	着装要求	自检结果
1	进入生产车间必须穿工作服和工作鞋，戴工作帽	
2	将拉链拉至领口处，上下纽扣扣好	
3	衣领不能立起，应外翻平整	
4	将口袋上盖平整扣好，口袋内不放置笔、工作证以外的物品	
5	手臂侧兜内不放置笔以外的物品	
6	将袖口和下摆两侧纽扣扣好	
7	不着裙装，不穿短裤	
8	不可在脖子上挂工牌	
9	工作鞋穿着正确，不穿拖鞋、凉鞋和高跟鞋	
10	若留长发，需束起并塞入工作帽中	

2. 工具、量具和刃具准备

在表3-8中列出所需工具、量具和刃具清单，并领取工具、量具和刃具。

表 3–8 工具、量具和刃具清单

序号	名称	规格	数量	备注
1				
2				
3				
4				
5				

3. 领取毛坯

领取毛坯，测量并记录毛坯外形尺寸，判断毛坯是否有足够的加工余量，外形是否满足加工要求。

二、长方体的锯削加工过程

1. 结合锯削实际操作，在表 3–9 中填写长方体锯削操作步骤名称、操作方法和注意要点。

表 3–9 锯削操作步骤名称、操作方法和注意要点

序号	步骤名称	操作方法	注意要点
1			
2			
3			
4			
5			
6			

2. 结合锯削长方体的操作，总结几点操作注意事项。

学习活动二　长方体锯削的质量检验及分析

一、明确测量要素和要求并领取量具

1. 图 3-8a 所示长方体零件图中的 |▱|0.8| 用什么量具测量？如何测量？

2. 图 3-8 所示长方体零件图中的 |//|0.8|B| 用什么量具测量？如何测量？

3. 明确长方体锯削的测量要素，领取检测量具并说明量具的名称、规格和检测内容，填入表 3-10 中。

表 3-10　量具的名称、规格和检测内容

序号	量具名称和规格	检测内容
1		
2		
3		
4		

二、加工质量检测

按表 3-11 所列项目与技术要求检测长方体，将检测结果填入表中，并根据评分标准给出得分。

表 3-11　锯削姿势及锯削长方体训练成绩评定

序号	项目与技术要求	配分	检测结果		得分
			学生自测	教师检测	
1	工件夹持正确	5			
2	工具和量具摆放位置正确，排列整齐	5			
3	握锯正确、自然	5			
4	锯削姿势正确	5			
5	锯削断面纹路整齐	5			
6	锯条使用正确	5			
7	（22 ± 0.2）mm（4 处）	7 × 4			
8	⏥ 0.8（4 处）	5 × 4			
9	// 0.8 A	8			
10	// 0.8 B	8			
11	安全文明生产	6			
合计		100			

三、加工质量分析

对不合格项目及其产生原因进行分析和讨论，提出预防和改进措施，填入表 3-12 中。

表 3-12　加工质量分析表

不合格项目	产生原因	预防和改进措施

四、工具和量具的保养与归还

所用工具应清理干净，检查其完好性，有活动部件的工具要对其活动部件做好润滑处理。

应先检查所用量具的完好性并松开其紧固装置，使用柔软的布或纸擦拭量具表面，去除污渍，然后在测量面和活动表面涂防锈油；有专用保护盒的量具应按要求将其放入盒中。

对所有工具和量具按以上要求进行保养并分门别类整理好后归还。

五、工作总结

1. 通过锯削长方体操作姿势及锯削加工练习，学习了锯削的哪些工艺知识？

2. 通过锯削加工练习，简述将圆钢棒料锯削成长方体有哪些关键点。

3. 试结合本任务完成情况，从工艺知识、加工过程、工件质量、安全文明生产和团队协作等方面撰写工作总结。

巩固与提高

一、填空题（将正确答案填写在横线上）

1. 游标卡尺是一种____________________的量具，可以直接测量出工件的________、________、________、________、________和________等尺寸。

2. 游标卡尺只适用于精度为 IT________ ~ IT________级尺寸的测量和检验。

3. 不能用游标卡尺测量________、________等毛坯件，否则会使量具很快磨损而失去精度；也不能用游标卡尺测量___________________的工件，因为游标卡尺存在一定的_______________。

4. 锯削时，若锯缝深度________锯弓高度，可将锯条转过 90° 后重新安装，使锯弓在工件的外侧；或将锯条________________，把锯弓放置在工件的底部继续进行锯削。

5. 如图 3–12 所示游标卡尺的尺寸读数是________mm。

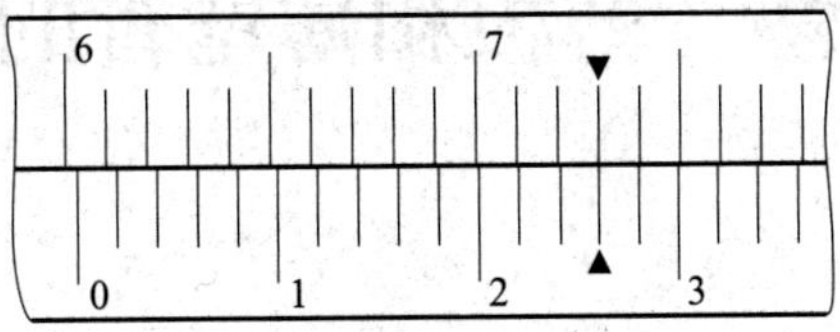

图 3–12　游标卡尺的尺寸读数

二、判断题（正确的打“√”，错误的打“×”）

1. 游标卡尺应按工件的尺寸和精度要求选用。（　　）
2. 数显卡尺或带表卡尺测量的准确性比普通游标卡尺低。（　　）
3. 锯削速度以 40 ~ 50 次 /min 为宜，不宜过快。（　　）

三、简答题

1. 分度值为 0.02 mm 的游标卡尺的刻线原理是什么？

2. 游标卡尺的读数方法是什么？

3. 简述游标卡尺的测量要点。

任务二　薄板和薄壁管的锯削

任务描述

实际生产中，毛坯除了棒料和方料外，还有薄板料、薄壁管料，对于这类材料，若采用前面学过的方法进行锯削，往往无法顺利地完成加工任务。

本任务是通过图 3–13 所示薄板、薄壁管类零件的锯削训练，学会选择不同的锯条，采用相应的锯削方法，完成对各种形状材料的锯削任务，达到进一步提高锯削技能的目的。

图 3–13　薄板和薄壁管

任务 1：学生根据图 3–14 所示的技能训练图要求，在 60 mm × 80 mm × 2 mm 的薄板料上锯削出（50 ± 0.40）mm × 80 mm × 2 mm 的长方形薄板。

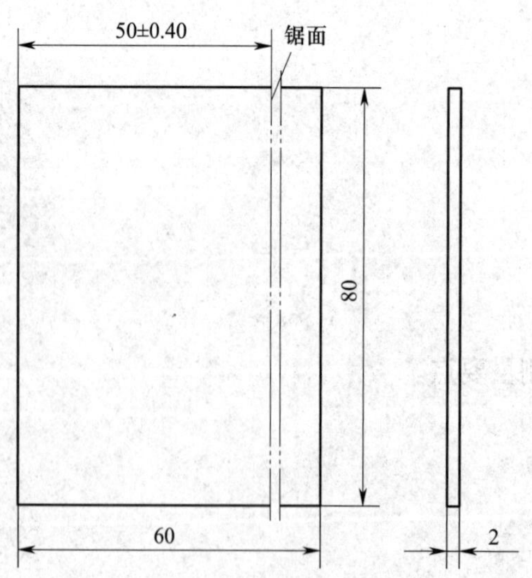

图 3–14　薄板锯削技能训练图

任务 2：学生根据图 3–15 所示技能训练图要求，在 ϕ30 mm × 2.5 mm × 40 mm 的薄壁钢管上锯削出一段长（30 ± 0.40）mm 的钢管。

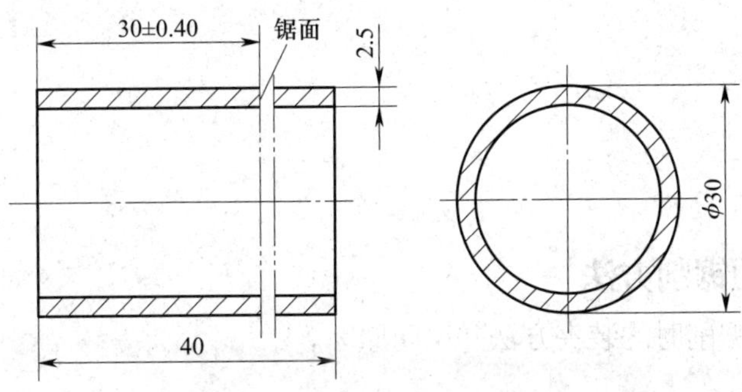

图 3–15　薄壁管锯削技能训练图

学习活动一　薄板和薄壁管的锯削方法

一、薄板的锯削方法

1. 根据表 3–13 中图示内容，写出其对应的锯削方法并描述其操作要点。

表 3–13　锯削方法和操作要点

锯削方法	图示	操作要点

2. 薄板锯削与厚板锯削相比有哪些注意要点？

二、薄壁管的锯削方法

1. 简述薄壁管锯削时的装夹方法并说明原因。

2. 简述薄壁管锯削的方法。

3. 锯削薄壁管时应如何选择锯条？

学习活动二　薄板和薄壁管类零件锯削操作

一、分析零件图样，明确加工要求

1. 分析零件图样，明确本任务中加工尺寸要求，完成表 3-14 的填写工作，为制定加工工艺做准备。

表 3–14　薄板和薄壁管锯削加工尺寸要求

序号	项目	内容	加工要求（偏差范围）
1	加工尺寸		
2			
3			

2. 计算尺寸（50 ± 0.40）mm 的中值。

二、制定加工方案

1. 结合薄板的结构特点和加工要求，确定零件的加工方案，完成表 3–15 的填写工作。

表 3–15　薄板锯削加工方案

加工顺序	加工方案

2. 结合薄壁管的结构特点和加工要求，确定零件的加工方案，完成表 3–16 的填写工作。

表 3-16　薄壁管锯削加工方案

加工顺序	加工方案

3. 根据加工内容和加工要求，选择锯削薄板和薄壁管的锯条，完成表 3-17 的填写工作。

表 3-17　锯削薄板和薄壁管的锯条

加工内容	锯条规格	锯条型号

4. 结合锯削薄板和薄壁管的操作，总结几点操作要领。

学习活动二 薄板和薄壁管类零件锯削的质量检验及分析

一、明确测量要素和要求并领取量具

1. 如图 3–14 和图 3–15 所示，薄板和薄壁管锯削操作技能训练图中的（50 ± 0.40）mm、（30 ± 0.40）mm 用什么量具测量？如何测量？

2. 明确薄板和薄壁管锯削的测量要素，领取检测量具并说明量具的名称、规格和检测内容，填入表 3–18 中。

表 3–18 量具的名称、规格和检测内容

序号	量具名称和规格	检测内容
1		
2		
3		

二、加工质量检测

按表 3–19 所列项目与技术要求检测薄板和薄壁管，将检测结果填入表中，并根据评分标准给出得分。

表 3–19 薄板和薄壁管锯削训练成绩评定

序号	项目与技术要求	配分	检测结果		得分
			学生自测	教师检测	
1	工件夹持正确	15			
2	工具和量具摆放位置正确，排列整齐	10			
3	握锯正确、自然	10			
4	锯削姿势正确	10			
5	锯削断面纹路整齐	10			
6	锯条使用正确	10			

续表

序号	项目与技术要求	配分	检测结果		得分
			学生自测	教师检测	
7	（50 ± 0.40）mm	15			
8	（30 ± 0.40）mm	15			
9	安全文明生产	5			
合计		100			

三、加工质量分析

对不合格项目及其产生原因进行分析和讨论，提出预防和改进措施，填入表 3-20 中。

表 3-20　加工质量分析表

不合格项目	产生原因	预防和改进措施

四、工具和量具的保养与归还

所用工具应清理干净，检查其完好性，有活动部件的工具要对其活动部件做好润滑处理。

应先检查所用量具的完好性并松开其紧固装置，使用柔软的布或纸擦拭量具表面，去除污渍，然后在测量面和活动表面涂防锈油；有专用保护盒的量具应按要求将其放入盒中。

对所有工具和量具按以上要求进行保养并分门别类整理好后归还。

五、工作总结

1. 通过薄板和薄壁管锯削加工练习，学习了锯削的哪些工艺知识？

2. 通过薄板和薄壁管锯削加工练习，用到哪些锯削技能？有哪些关键点？

3. 试结合本任务完成情况，从工艺知识、加工过程、工件质量、安全文明生产和团队协作等方面撰写工作总结。

巩固与提高

一、填空题（将正确答案填写在横线上）

1. 薄板锯削的方法有________________________和________________________。

2. 锯削管子时，对于薄壁管子和精加工过的管子，应将其夹在____________________之间，以防将管子夹扁或夹坏管子表面。锯削时不要______________________________，要多转几个方向，每个方向只锯到______________________，直至将管子锯断为止。

3. 锯削薄板料和薄壁管子时应选择________锯条，这样同时参加切削的齿数________，每齿担负的锯削量________，________________小，易于将材料切除，推锯________，锯齿也不易磨损。

二、判断题（正确的打“√”，错误的打“×”）

1. 锯削薄板料时，应使锯缝处于竖直位置，手锯做前后推锯。（　　）

2. 锯削薄壁管子时应选择粗齿锯条，这样锯齿强度较高，易于将材料切除，锯齿也不

易磨损。 （ ）

3. 锯削薄板时，起锯角太大或采用近起锯时用力过大会导致锯齿崩裂。 （ ）

4. 锯削薄壁管子时，新换锯条后一般要改换方向再锯，如只能从旧锯缝锯下去，则应减慢速度及减小压力，并要特别小心。 （ ）

三、简答题

简述锯削中锯齿崩裂、锯条折断和锯缝歪斜的原因。

项目四
锉　削

任务一　平面锉削姿势练习

任务描述

锉削是钳工的重要技能之一，它的工作范围很广，可以加工工件的内外平面、内外曲面、内外角、沟槽和各种形状复杂的表面。在现代生产条件下，仍有一些工件的加工需要用手工锉削来完成，例如，装配过程中对个别工件的修整、修理，小批量生产条件下一些形状复杂工件的加工，以及样板、模具的加工等。

本任务是通过在图 4-1 所示的铸铁件上进行锉削姿势训练，掌握用锉削工具进行锉削加工的方法，重点掌握正确的锉削姿势和动作要领，为后面的锉削练习做好准备。

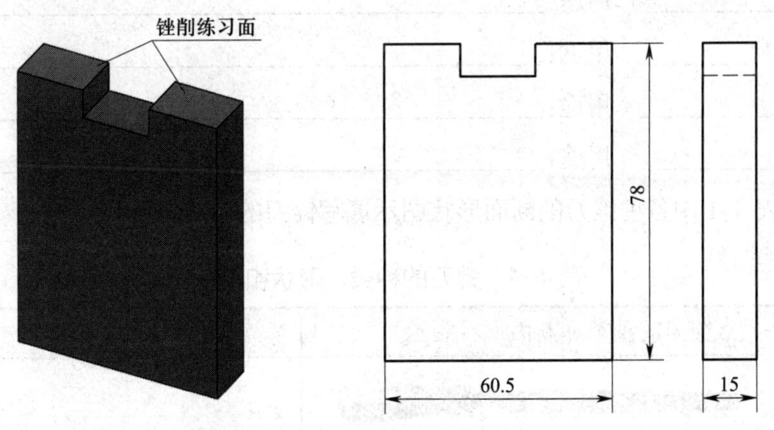

图 4-1　锉削姿势训练练习件

学习活动一 认知锉削

一、了解锉削及其用途

观看钳工相关的视频及查阅教材，叙述锉削的含义。

二、了解锉削加工的工具

1. 在图 4–2 下方的横线上写出锉刀各组成部分的名称并说明其用途。

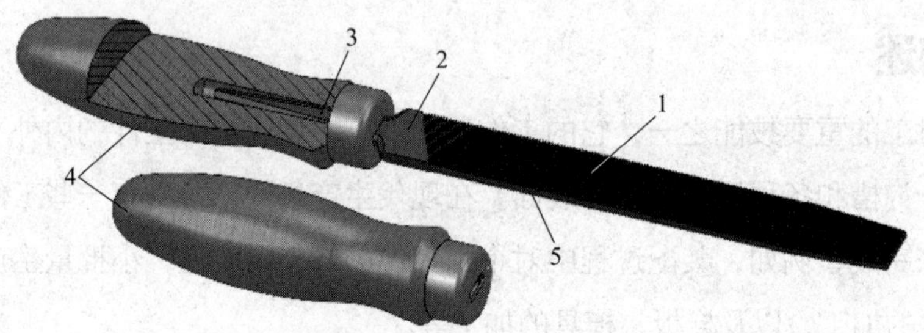

图 4–2　锉刀的组成

1—__________　用途：______________________________。

2—__________　用途：______________________________。

3—__________　用途：______________________________。

4—__________　用途：______________________________。

5—__________　用途：______________________________。

2. 根据表 4–1 中各种锉刀的断面形状图示填写锉刀的名称和用途。

表 4–1　锉刀的种类、形状和用途

名称	锉刀的种类和断面形状图示	用途

续表

名称	锉刀的种类和断面形状图示	用途
	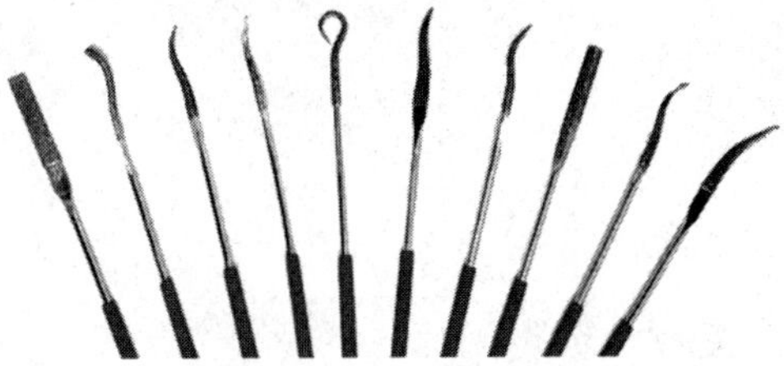	
	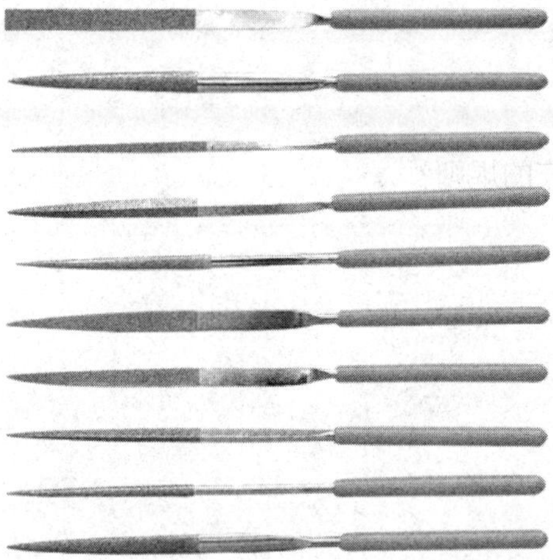	

三、锉刀的选用与维护

1. 锉刀规格分为尺寸规格和锉纹粗细规格两种，它们分别是如何规定的？

2. 锉刀的选择原则有哪些？

3. 锉刀的使用及保养有哪些必须遵守的规则？

学习活动二　锉削姿势练习及锉削操作

一、锉削姿势和锉削方法

1. 根据图 4–3 所示描述较大锉刀的各种握法。

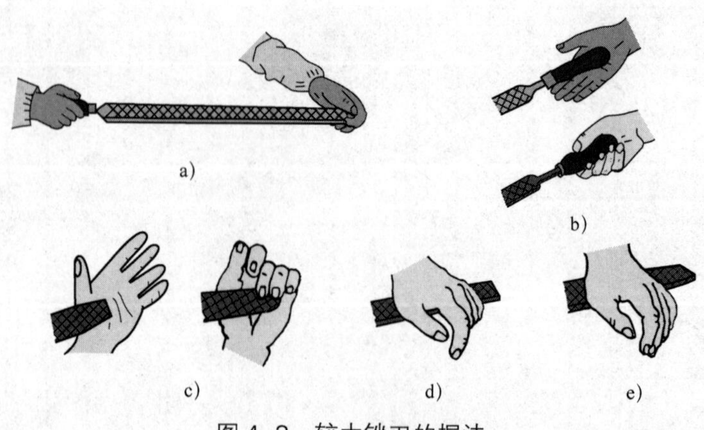

图 4–3　较大锉刀的握法

图 4–3b：____

____。

图 4–3c：____

____。

图 4–3d：____

____。

图 4–3e：____

____。

2. 锉刀的握法掌握得正确与否，对锉削质量、锉削力量的发挥和操作者的疲劳程度都有一定的影响。由于锉刀的大小和形状不同，锉刀的握法也应不同。根据表 4–2 中各锉刀握法图示所描述的锉刀的大小或长短，填写不同规格锉刀名称并简述锉刀的握法。

表 4–2　常用不同形状、规格锉刀的握法

锉刀	锉刀握法图示	锉刀握法
	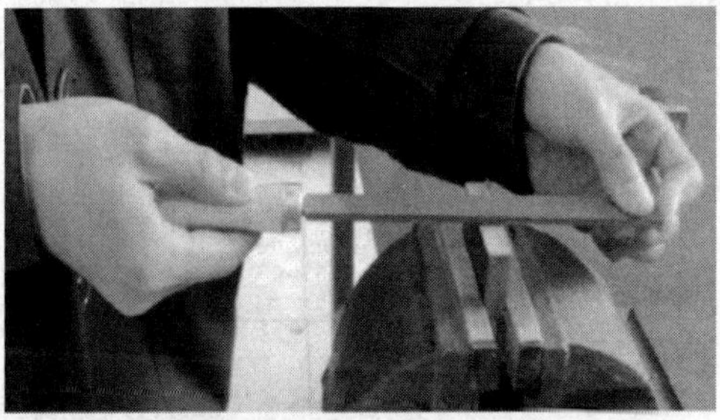	
	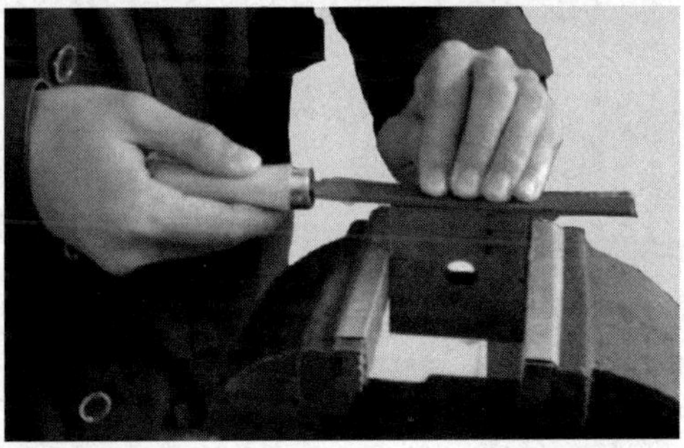	

3. 如图 4–4 所示为锉削时的站立位置和姿势，阅读教材并查阅相关资料，说明锉削时对站立位置和姿势有什么要求。

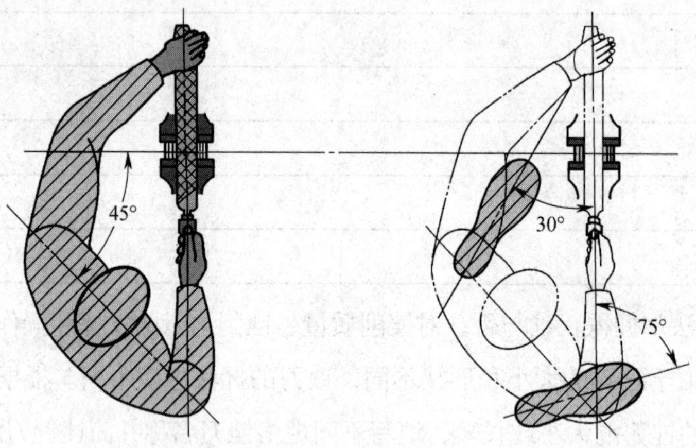

图 4–4　锉削时的站立位置和姿势

二、锉削操作

1. 锉削时对工件的装夹有什么要求？

2. 锉削操作时有哪些注意事项？

3. 根据图 4–5 所示的锉削动作，描述锉削时的动作要领。

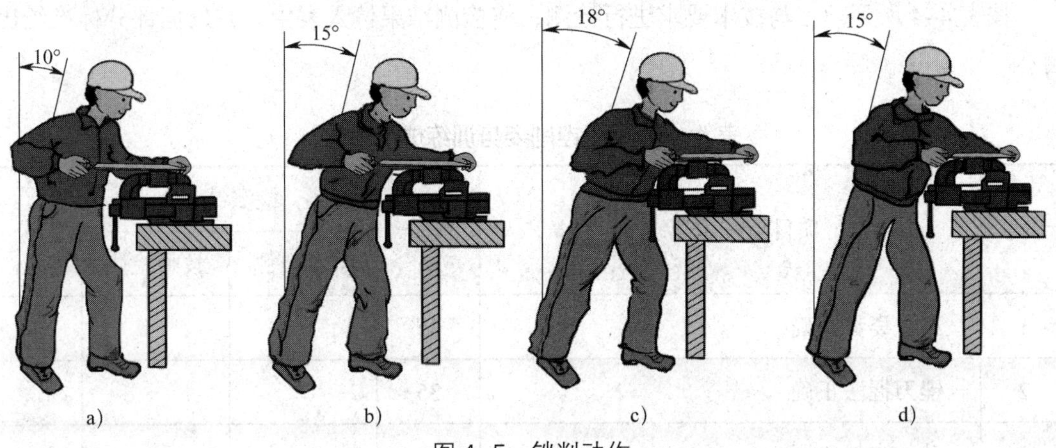

图 4–5　锉削动作

学习活动二　锉削操作的质量检验及分析

一、明确加工要素和要求并领取工具

根据锉削操作的被加工要素，领取工具并说明工具的名称、规格和适用场合，填入表 4–3 中。

表 4–3　工具的名称、规格和适用场合

序号	工具名称和规格	适用场合
1		
2		
3		

二、加工质量检测

按表 4–4 所列项目与技术要求进行检测，将检测结果填入表中，并根据评分标准给出得分。

表 4–4　平面锉削姿势训练成绩评定

序号	项目与技术要求	配分	检测结果		得分
			学生自测	教师检测	
1	站立姿势正确	35			
2	锉刀握法正确	35			
3	动作自然协调	20			
4	安全文明生产	10			
合计		100			

三、加工质量分析

对不合格项目及其产生原因进行分析和讨论，提出预防和改进措施，填入表 4–5 中。

表 4–5　加工质量分析表

不合格项目	产生原因	预防和改进措施

四、工具的保养与归还

所用工具应清理干净，检查其完好性，有活动部件的工具要对其活动部件做好润滑处理。

对所有工具按以上要求进行保养并分门别类整理好后归还。

五、工作总结

1. 通过锉削操作姿势及锉削加工练习，学习了锉削的哪些工艺知识？

2. 通过锉削加工练习，简述锉削技能有哪些关键点。

3. 试结合本任务完成情况，从工艺知识、加工过程、工件质量、安全文明生产和团队协作等方面撰写工作总结。

巩固与提高

一、填空题（将正确答案填写在横线上）

1. 锉削是指用________对________________进行切削加工，使其________________、________________和________________等都达到要求的加工方法。

2. 锉刀主要由____________、____________、____________、____________、________等组成。

3. 锉刀面指锉刀____________________，它的长度表示锉刀的________。锉刀面在纵向长度方向上呈________形，前端________，中间________。

4. 辅锉纹与主锉纹的________和________不一样，锉削时能使每一个齿的________交错而不重叠，使锉削后工件表面粗糙度值________。

5. 钳工锉是钳工最常用的锉削工具，按其断面形状不同，分为________、________、____________、____________和________五种，用于加工金属零件的各种表面，加工范围广泛。

6. 方锉的尺寸规格用________________表示，圆锉的尺寸规格用________表示，其他锉刀的尺寸规格则以________________表示。

7. 较大锉刀的握法为右手握着________，将________________顶在拇指根部的手掌上，拇指放在________上，其余手指________________握住锉柄。

8. 锉削时右手的压力要随着锉刀推动而________________，左手的压力要随着锉刀推动而________________。回程时________________________，以减少锉齿的磨损。

二、判断题（正确的打“√”，错误的打“×”）

1. 双齿纹是指锉刀上有两个方向排列的齿纹，齿纹浅的叫作主锉纹，齿纹深的叫作辅锉纹。（　　）

2. 采用双齿纹锉刀锉削时，锉屑是碎断的，切削力小，再加上锉齿强度高，所以适用于硬材料的锉削。（　　）

3. 使用新锉刀时应先用一面，用钝后再用另一面，使用时注意锉刀面上的记号。（　　）

4. 锉刀在使用后，应用钢丝刷顺着锉纹清除切屑，并用机油清洗及保养锉刀。（　　）

5. 锉削过程中，禁止用嘴吹工件上的切屑，以防止切屑飞入眼中。（　　）

三、简答题

1. 锉刀的选择原则是什么？

2. 握较大锉刀时，左手的握法有哪几种？

3. 简述顺向锉的技术要领。

任务二　狭长面的锉削

任务描述

平面锉削姿势练习（项目四任务一）是在双凸台上进行的，避免了刚开始锉削时由于两只手用力不平衡产生中凸现象。为了进一步巩固正确的平面锉削姿势，保证锉削过程中两只手用力平衡，逐步掌握平面锉削技能和技巧，现进行任务二的练习——狭长面的锉削。

本任务要锉削一狭长面，学生根据图 4–6 所示的技能训练图要求，选择项目三任务一完成的锯削面作为待加工面。经过本任务的训练，要求狭长面锉削后平面度公差为 0.15 mm，尺寸为$60^{+0.2}_{0}$ mm，完成项目六任务二——定位键加工第二步［(60 ± 0.05) mm 方向外形］的粗加工。

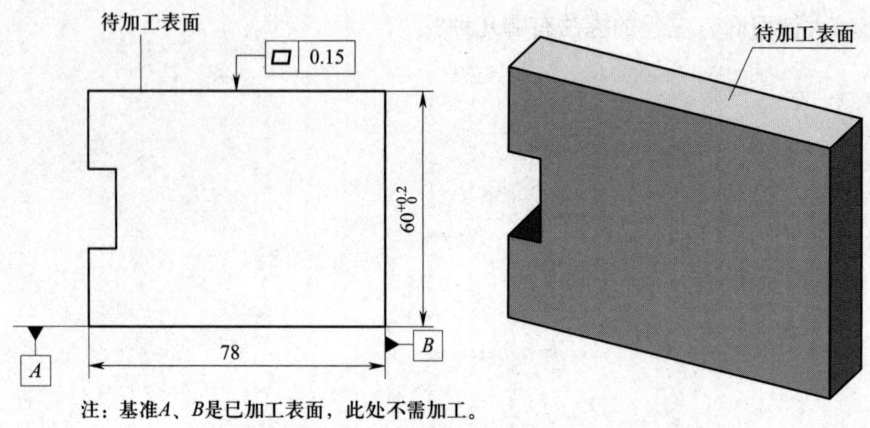

图 4-6 狭长面锉削技能训练图

学习活动一 平面的锉削方法

一、锉削方法

1. 简述交叉锉的特点和应用场合。

2. 简述推锉的特点和应用场合。

二、平面度误差的检查

1. 简述用刀口形直尺检查平面度误差的方法并用图示进行说明。

2. 简述用塞尺检查平面度误差的方法。

学习活动二　狭长面锉削操作

一、分析零件图样，明确加工要求

1. 分析零件图样，明确本任务中加工尺寸、几何公差等加工要求，完成表 4–6 的填写工作，为制定加工工艺做准备。

表 4–6　狭长面零件锉削加工尺寸、几何公差等加工要求

序号	项目	内容	加工要求（偏差范围）
1	加工尺寸		
2			
3			
4	几何公差		

2. 计算尺寸$60^{+0.2}_{0}$ mm 的中值。

二、制定加工方案

1. 结合狭长面零件的结构特点和加工要求，确定零件的加工方案，完成表 4–7 的填写工作。

表 4–7　狭长面零件锉削加工方案

加工顺序	加工方案

2. 根据加工内容和加工要求，选择锉削狭长面的锉刀规格，并在表 4–8 中填写出锉削方法和锉削内容。

表 4–8　锉削狭长面的锉刀、锉削方法和锉削内容

锉刀名称	锉刀规格	锉削方法和锉削内容

3. 结合锉削狭长面的操作，简述其操作要领。

学习活动二　狭长面锉削的质量检验及分析

一、明确测量要素和要求并领取量具

1. 图 4-6 所示狭长面锉削技能训练图中的 |▱|0.15| 用什么量具测量？如何测量？

2. 明确狭长面锉削的测量要素，领取检测量具并说明量具的名称、规格和检测内容，填入表 4-9 中。

表 4-9　量具的名称、规格和检测内容

序号	量具名称和规格	检测内容
1		
2		
3		

二、加工质量检测

按表 4-10 所列项目与技术要求检测铸铁件的狭长面，将检测结果填入表中，并根据评分标准给出得分。

表 4–10　狭长面锉削训练成绩评定

序号	项目与技术要求	配分	检测结果		得分
			学生自测	教师检测	
1	$60^{+0.2}_{0}$ mm	25			
2	⏥ 0.15	25			
3	锉削姿势正确	20			
4	锉纹一致	20			
5	安全文明生产	10			
	合计	100			

三、加工质量分析

对不合格项目及其产生原因进行分析和讨论，提出预防和改进措施，填入表 4–11 中。

表 4–11　加工质量分析表

不合格项目	产生原因	预防和改进措施

四、工具和量具的保养与归还

所用工具应清理干净，检查其完好性，有活动部件的工具要对其活动部件做好润滑处理。

应先检查所用量具的完好性并松开其紧固装置，使用柔软的布或纸擦拭量具表面，去除污渍，然后在测量面和活动表面涂防锈油；有专用保护盒的量具应按要求将其放入盒中。

对所有工具和量具按以上要求进行保养并分门别类整理好后归还。

五、工作总结

1. 通过狭长面锉削加工练习，学习了锉削的哪些工艺知识？

2. 狭长面锉削加工练习用到了哪些锉削技能？有哪些关键点？

3. 试结合本任务完成情况，从工艺知识、加工过程、工件质量、安全文明生产和团队协作等方面撰写工作总结。

巩固与提高

一、填空题（将正确答案填写在横线上）

1. 平面的锉削方法除了前面介绍的顺向锉外，还有__________和__________两种方法。

2. 进行交叉锉时锉刀运动方向与工件夹持方向成__________________角，且锉纹________。

3. 进行推锉时，用两只手______________锉刀，用__________推动锉刀顺着工件______________进行锉削，此法一般用来锉削狭长平面。

二、判断题（正确的打“√”，错误的打“×”）

1. 用刀口形直角尺检查时，不能将其在工件已加工表面上拖动。（ ）

2. 用塞尺测量时，应用力将其塞入工件与平板的缝隙，以精确测量工件的平面度误差。（ ）

三、简答题

1. 交叉锉的特点和适用场合是什么？

2. 简述锉削平面时出现平面不平的形式及其产生原因。

任务二 长方体的锉削

任务描述

学生根据图 4–7 所示的技能训练图要求，在项目三任务二转入的材料上完成长方体的锉削任务。通过锉削该长方体，掌握正确的平面锉削姿势及在钢件上进行平面锉削的技能，并初步掌握长方体的加工步骤，进一步提高学生的锉削技能和技巧。

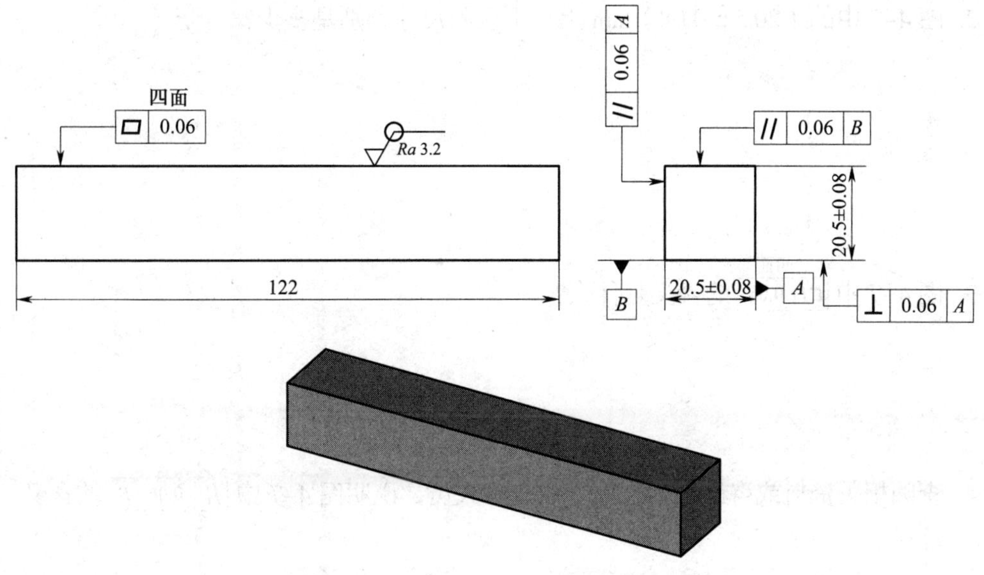

图 4-7　锉削长方体技能训练图

学习活动一　长方体锉削工艺与方法

一、分析零件图样，明确加工要求

1. 分析零件图样，明确本任务中长方体的加工尺寸、几何公差和表面质量等加工要求，完成表 4-12 的填写工作，为制定加工工艺做准备。

表 4-12　长方体锉削加工尺寸、几何公差和表面质量等加工要求

序号	项目	内容	加工要求（偏差范围）
1	加工尺寸		
2			
3			
4	几何公差		
5			
6			
7			
8	表面质量		

2. 图 4–7 中的（20.5 ± 0.08）mm 上、下极限尺寸分别是多少？

3. 图 4–7 中 [▱ 0.06]（四面）的含义是什么？

4. 查阅相关资料或咨询班组长等专业技术人员，说明图 4–7 中 [// 0.06 B] 的含义。

5. 图 4–7 中表面粗糙度符号 $\sqrt{Ra\ 3.2}$ 的含义是什么？

二、关于细扁锉的使用

1. 查阅相关资料，写出细齿锉切削加工的适用场合（如切削余量、尺寸精度、表面粗糙度等）。

2. 简述 250 mm 细扁锉的使用方法。

三、检测

1. 千分尺是一种应用螺旋测微原理制成的精密量具，可估读到 0.001 mm，故名千分尺。它的测量精度比游标卡尺高，因此，对于加工精度要求较高的工件尺寸常用千分尺进行测量。千分尺有 0 ~ 25 mm、25 ~ 50 mm、50 ~ 75 mm、75 ~ 100 mm 等规格。如图 4-8 所示为钳工常用的 0 ~ 25 mm 外径千分尺，查阅相关资料，标出各组成部分的名称。

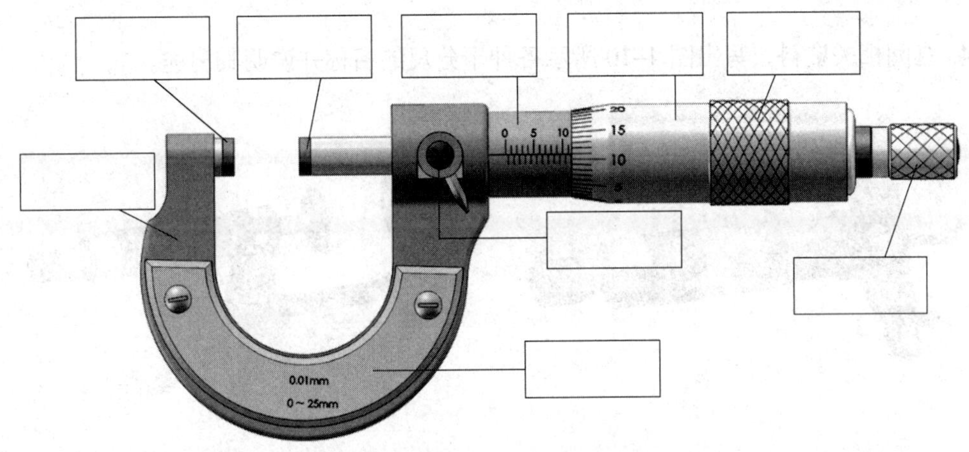

图 4-8　0 ~ 25 mm 外径千分尺的结构

2. 外径千分尺的读数方法如图 4-9 所示。查阅相关资料，以图 4-9 为例，总结外径千分尺的读数步骤。

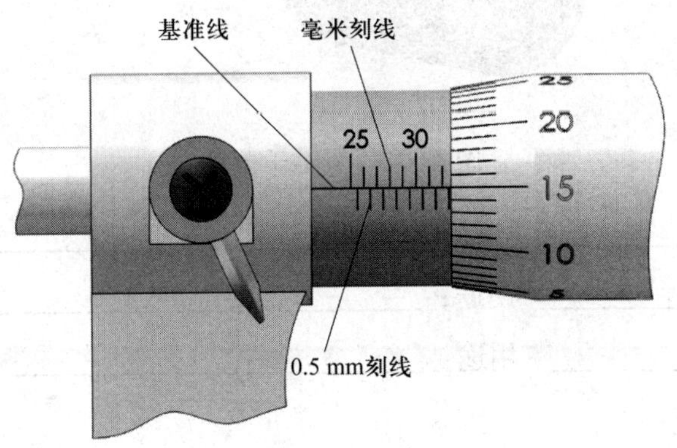

图 4-9　外径千分尺的读数方法

3. 简述内测千分尺的工作原理，并对比其与外径千分尺的区别。

4. 查阅相关资料，写出图 4–10 所示各种千分尺的名称并说明其用途。

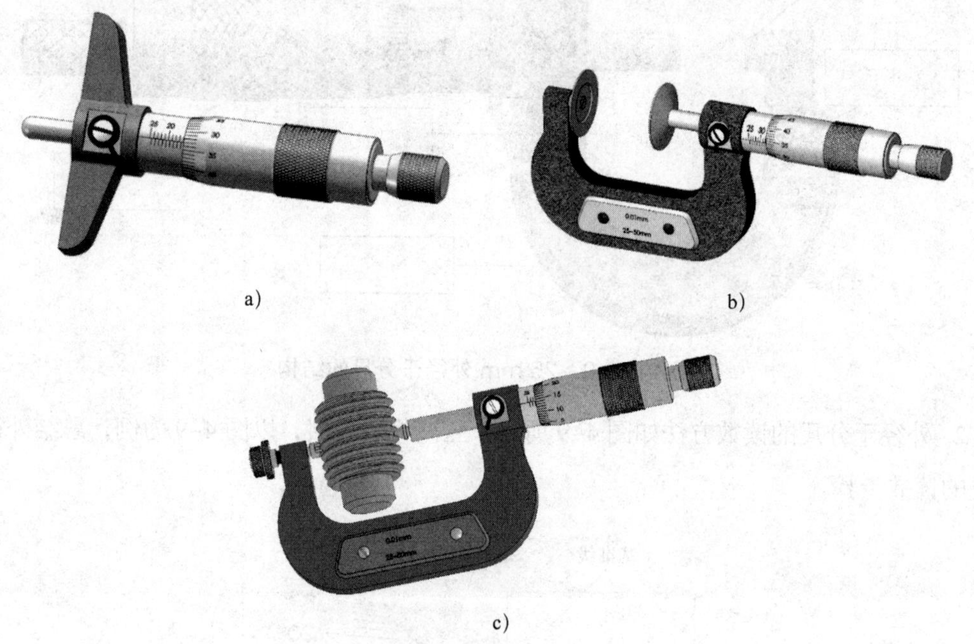

图 4–10 其他千分尺

图 4–10a ____________ 用途：____。

图 4–10b ____________ 用途：____。

图 4–10c ____________ 用途：____。

学习活动二 长方体锉削操作

一、加工准备

1. 着装

根据生产车间着装管理规定进行着装自检，并填入表 4–13 中。

表 4-13　着装自检表

序号	着装要求	自检结果
1	进入生产车间必须穿工作服和工作鞋，戴工作帽	
2	将拉链拉至领口处，上下纽扣扣好	
3	衣领不能立起，外翻平整	
4	将口袋上盖平整扣好，口袋内不放置笔、工作证以外的物品	
5	手臂侧兜内不放置笔以外的物品	
6	将袖口和下摆两侧纽扣扣好	
7	不着裙装，不穿短裤	
8	不可在脖子上挂工牌	
9	工作鞋穿着正确，不穿拖鞋、凉鞋和高跟鞋	
10	若留长发，需束起并塞入工作帽中	

2. 工具、量具和刃具准备

在表 4-14 中列出所需工具、量具和刃具清单，并领取工具、量具和刃具。

表 4-14　工具、量具和刃具清单

序号	名称	规格	数量	备注
1				
2				
3				
4				
5				

3. 领取毛坯

领取毛坯，测量并记录毛坯外形尺寸，判断毛坯是否有足够的加工余量，外形是否满足加工要求。

二、长方体锉削加工过程

1. 本任务是在项目三任务二转入的材料上完成锉削长方体工作并达到图样的技术要求，将加工步骤填入表 4-15 中。

表 4–15　锉削长方体步骤

步骤	操作内容	图示
1		
2		
3		A B
4		
5		

2. 结合锉削长方体的操作，简述其操作要领。

学习活动三　长方体锉削的质量检验及分析

一、明确测量要素和要求并领取量具

1. 明确长方体锉削的测量要素，领取检测量具并说明量具的名称、规格和检测内容，填入表 4–16 中。

表 4-16 量具的名称、规格和检测内容

序号	量具名称和规格	检测内容
1		
2		
3		

2. 图 4-7 所示锉削长方体技能训练图中的 [// | 0.06 | B] 用什么量具测量？如何测量？

3. 图 4-7 所示锉削长方体技能训练图中的 [⊥ | 0.06 | A] 用什么量具测量？测量时应注意哪些问题？

二、加工质量检测

按表 4-17 所列项目与技术要求检测长方体，将检测结果填入表中，并根据评分标准给出得分。

表 4-17 长方体锉削训练成绩评定

序号	项目与技术要求	配分	检测结果		得分
			学生自测	教师检测	
1	正确选用锉刀	8			
2	锉削姿势正确，动作协调	8			
3	工具和量具摆放位置正确，排列整齐	6			
4	[□ | 0.06]（4 处）	5×4			
5	（20.5±0.08）mm（2 组）	9×2			
6	[// | 0.06 | A]	6			
7	[// | 0.06 | B]	6			
8	[⊥ | 0.06 | A]	6			
9	$Ra \leqslant 3.2$ μm（4 处）	3×4			
10	安全文明生产	10			
合计		100			

三、加工质量分析

对不合格项目及其产生原因进行分析和讨论，提出预防和改进措施，填入表 4-18 中。

表 4-18　加工质量分析表

不合格项目	产生原因	预防和改进措施

四、工具和量具的保养与归还

所用工具应清理干净，检查其完好性，有活动部件的工具要对其活动部件做好润滑处理。

应先检查所用量具的完好性并松开其紧固装置，使用柔软的布或纸擦拭量具表面，去除污渍，然后在测量面和活动表面涂防锈油；有专用保护盒的量具应按要求将其放入盒中。

对所有工具和量具按以上要求进行保养并分门别类整理好后归还。

五、工作总结

1. 通过长方体锉削加工练习，学习了锉削的哪些工艺知识？

2. 长方体锉削加工练习用到哪些锉削技能？有哪些关键点？

3. 试结合本任务完成情况，从工艺知识、加工过程、工件质量、安全文明生产和团队协作等方面撰写工作总结。

巩固与提高

一、填空题（将正确答案填写在横线上）

1. 细扁锉用于对平面进行________，可使加工表面形成较小的________________。

2. 细扁锉一般能加工出表面粗糙度 $Ra \leqslant$________μm 的表面。在细扁锉刀齿面上涂粉笔后再锉削工件，表面粗糙度 $Ra \leqslant$________μm。

3. 外径千分尺的制造精度分为________和________两种，________精度最高，________稍差。外径千分尺的制造精度主要由它的________________和________________________________的大小来决定。

4. 内测千分尺主要用来测量________和________等尺寸。内测千分尺的刻线方向与外径千分尺________。测量范围有________________mm 和________________mm 两种。

5. 基准面作为加工其余各面时控制________________和________________的测量基准，必须达到规定的平面度要求后，才能加工其他各面。

二、判断题（正确的打“√”，错误的打“×”）

1. 千分尺是一种精密量具，它的测量精度与游标卡尺相近，而且比较灵敏。（　　）

2. 夹紧已加工工件时，要在台虎钳上垫好软钳口衬垫，以避免将工件表面夹伤。（　　）

三、简答题

1. 简述用刀口形直角尺检查工件垂直度误差的方法。

2. 简述外径千分尺的读数方法。

项目五
孔加工及螺纹加工

任务一 钻　　孔

任务描述

任务 1：在项目四任务三转入的钢件上分别钻 ϕ8 mm 和 ϕ7.8 mm 的两个孔（见图 5–1）。其中 ϕ7.8 mm 的孔是为项目五任务二中钢件上 $\phi\ 8^{+0.022}_{0}$ mm 孔的铰孔做准备（此孔也是项目六任务一——錾口锤子加工螺孔的底孔）；ϕ8 mm 的孔是为任务二中锪台阶孔和孔口倒角做准备（此孔仅作练习用）。学生根据图 5–1 所示技能训练图的要求，完成钻孔加工并达到相应的技术要求。

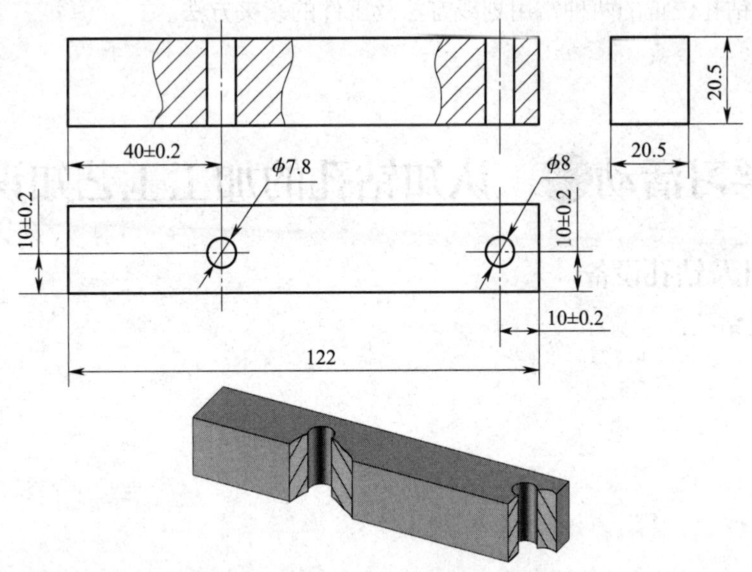

图 5–1　钢件上孔加工技能训练图

任务 2：在项目四任务二转入的铸铁件上分别钻两个 ϕ4 mm 和 ϕ7.8 mm 的孔（见图 5–2），目的是让学生掌握在同一种材料上加工不同直径孔时钻削用量的选择方法。其中两个 ϕ7.8 mm 的孔是为项目五任务二中两个 $\phi\ 8^{+0.022}_{0}$ mm 孔的铰孔做准备（此孔仅作练习用）；两个 ϕ4 mm 孔是项目六任务二——定位键加工中的工艺孔。学生根据图 5–2 所示技能训练图的要求，完成钻孔加工并达到相应的技术要求。

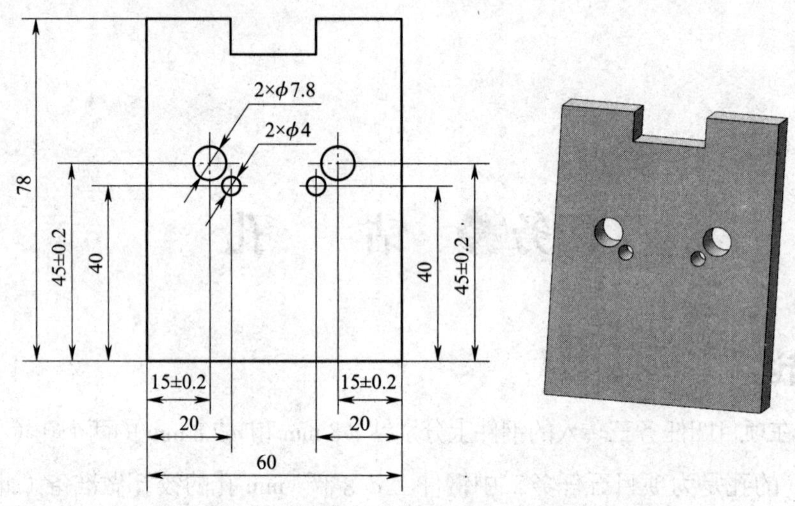

图 5–2　铸铁件上孔加工技能训练图

通过在图 5–1、图 5–2 所示工件上进行孔加工的准备训练，了解台式钻床的基本结构和钻床转速的调整方法，掌握根据孔加工的材料与钻孔的直径选择合适的钻削用量的方法，学会确定钻孔位置的两种常用划线方法及工件的装夹方法。

学习活动一　认知钻孔的加工工艺知识

一、钻孔及钻孔设备

1. 什么是钻孔?

2. 阅读教材并查阅相关资料，回答下列关于钻头的问题：

（1）麻花钻由柄部、颈部和工作部分组成，如图 5–3 所示，说明麻花钻各组成部分的作用。

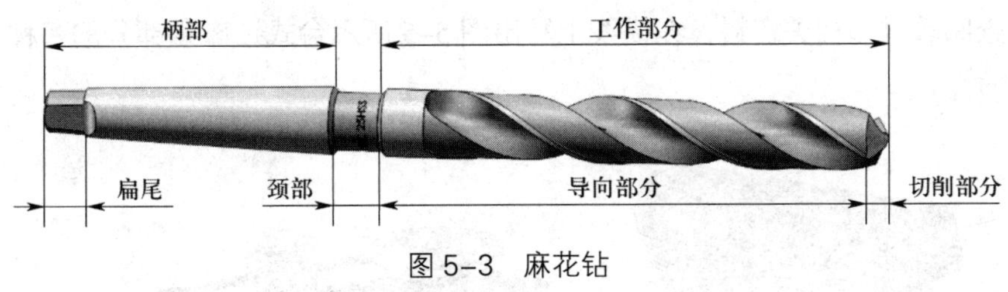

图 5-3　麻花钻

（2）麻花钻切削部分是指由产生切屑的诸要素（主切削刃、横刃、前面、后面、刀尖）所组成的工作部分，如图 5-4 所示，在横线上写出各部分的名称。

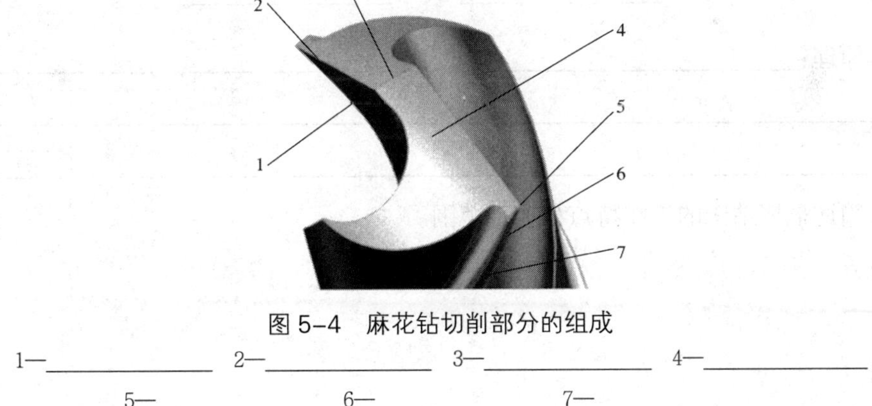

图 5-4　麻花钻切削部分的组成

1—______　2—______　3—______　4—______

5—______　6—______　7—______

3. 阅读教材并查阅相关资料，回答下列关于钻床的问题：

（1）简述钻床的加工范围和种类。

（2）查阅教材和相关资料，在横线上写出图 5-5 所示台式钻床各部分的名称并简要描述其工作原理。

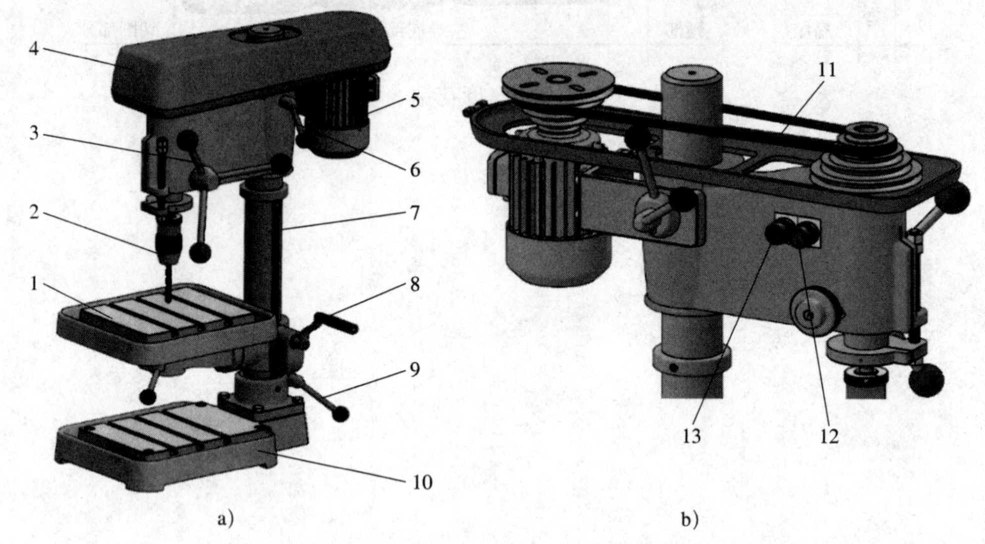

图 5-5　台式钻床的结构及其传动

a）台式钻床的结构　b）台式钻床的传动

1—________ 2—________ 3—________ 4—________

5—________ 6、9—________ 7—________

8—________ 10—________ 11—________

12—________ 13—________

工作原理：____

____

____。

（3）简述摇臂钻床的工作特点和加工范围。

二、钻削用量的概念和选择

1. 解释钻削用量的相关概念。

（1）切削速度

（2）进给量

（3）背吃刀量

2. 简述钻削用量的选择原则和选择方法。

3. 在厚度为 50 mm 的 45 钢的钢板上钻 ϕ20 mm 通孔，选用转速 n=400 r/min，求钻削时的切削速度和背吃刀量。

三、钻孔时工件的划线及装夹

1. 简述钻孔时划线的方法和步骤。

2. 钻孔时工件的装夹方法有哪些?

学习活动二　钻床操作及钻孔操作

一、操作准备

1. 分析零件图样，明确本任务中加工尺寸及其精度要求，完成表 5-1 的填写工作，为制定加工工艺做准备。

表 5-1　钻孔零件的加工尺寸及其精度要求

内容		加工要求（偏差范围）	内容		加工要求（偏差范围）
钢件			铸铁件		

2. 查阅国家标准《一般公差　未注公差的线性和角度尺寸的公差》(GB/T 1804—2000)，确定图 5-1 所示零件中孔径尺寸 ϕ8 mm、ϕ7.8 mm 和图 5-2 所示零件中孔径尺寸 ϕ4 mm 的公差并计算其中间值。

二、台式钻床操作

1. 台式钻床如何启动和停止?

2. 查阅教材和相关资料，简述在台式钻床上装夹直柄麻花钻的方法和步骤。

3. 使用钻床钻孔过程中应注意哪些安全事项?

三、钻孔

1. 查阅教材和相关资料，简述钻孔时起钻的方法和步骤。

2. 结合在钢件上钻 $\phi7.8$ mm 孔的操作，在表 5–2 中填写操作步骤、操作方法和注意要点。

表 5–2　在钢件上钻 $\phi7.8$ mm 孔的操作步骤、操作方法和注意要点

序号	操作步骤	操作方法	注意要点
1			
2			
3			
4			
5			

3. 结合钻孔的操作，简述其操作要领。

学习活动二 钻床操作及钻孔操作的质量检验及分析

一、明确测量要素和要求并领取量具

1. 图 5–1 所示钢件上孔加工技能训练图中的（10±0.2）mm 用什么量具测量？如何测量？

2. 图 5–2 所示铸铁件上孔加工技能训练图中的（45±0.2）mm 用什么量具测量？如何测量？

3. 明确钻孔的测量要素，领取检测量具并说明量具的名称、规格和检测内容，填入表 5–3 中。

表 5–3　量具的名称、规格和检测内容

序号	量具名称和规格	检测内容
1		
2		
3		

二、加工质量检测

按表 5–4 所列项目与技术要求检测钢件和铸铁件，将检测结果填入表中，并根据评分标准给出得分。

表 5-4 钻孔准备及钻孔操作训练成绩评定

序号	项目与技术要求	配分	检测结果		得分
			学生自测	教师检测	
1	练习台式钻床转速变换，要求顺序正确，动作规范	20			
2	练习装夹钻头、工件，要求操作正确，动作规范	18			
3	练习孔加工，要求起钻及借正方法正确，钻孔动作规范	20			
4	（10 ± 0.2）mm（3 处）	4 × 3			
5	（40 ± 0.2）mm	4			
6	（15 ± 0.2）mm（2 处）	4 × 2			
7	（45 ± 0.2）mm（2 处）	4 × 2			
8	安全文明生产	10			
合计		100			

三、加工质量分析

对不合格项目及其产生原因进行分析和讨论，提出预防和改进措施，填入表 5-5 中。

表 5-5 加工质量分析表

不合格项目	产生原因	预防和改进措施

四、工具和量具的保养与归还

所用工具应清理干净，检查其完好性，有活动部件的工具要对其活动部件做好润滑处理。

应先检查所用量具的完好性并松开其紧固装置，使用柔软的布或纸擦拭量具表面，去除污渍，然后在测量面和活动表面涂防锈油；有专用保护盒的量具应按要求将其放入盒中。

对所有工具和量具按以上要求进行保养并分门别类整理好后归还。

五、工作总结

1. 通过操作台式钻床及进行钻孔加工练习，学习了哪些工艺知识？

2. 操作台式钻床及进行钻孔加工练习用到哪些钳工技能？有哪些关键点？

3. 试结合本任务完成情况，从工艺知识、加工过程、工件质量、安全文明生产和团队协作等方面撰写工作总结。

巩固与提高

一、填空题（将正确答案填写在横线上）

1. 用________在钻床上对________________进行孔加工的操作称为钻孔。钻削时的主运动为钻床主轴（或钻头）的________运动，钻削时的进给运动为钻床主轴（或钻头）的________移动。

2. 普通麻花钻一般采用___________制成，经过淬火后，其硬度达到_______________。普通麻花钻主要由________、________和________________组成，其柄部有________柄和________柄两种。

3. 麻花钻的切削部分由两条________________、一条__________、两个________、两个____________和两个____________组成，其作用主要是________________________。

4. 钻床是一种用途广泛的____________机床，按其结构形式不同可以分为__________钻床、________钻床、________钻床等。

5. 台式钻床的主轴可以实现________级不同的转速，转速之间的转换主要依靠一组带轮，通过____实现转速的调节。

6. 立式钻床最大钻孔直径为________mm，在加工时，立式钻床可以实现________种不同的主轴转速和九种不同的____________________。

7. 立式钻床除了能实现____________和________________外，还可实现两个辅助运动，分别是________________________运动和________________________运动。

8. 摇臂钻床适用于加工___________型工件，可以进行________、________、________、____________及____________等加工。

9. 钻削用量包括________________、________________和________________。

10. 常用的钻孔装夹方法有____________________装夹、____________________装夹、________________________________装夹、______________装夹、________________装夹、________________________________装夹。

11. 钻孔前选择切削用量时，由于________________已由钻头直径决定，因此只需选择_______________和_______________。

12. 在允许的范围内，尽量先选择________的进给量，当进给量受__________________和________________的限制时，再考虑选择________的切削速度。

二、判断题（正确的打“√”，错误的打“×”）

1. 钻孔时钻头处于半封闭状态，转速不高，切削量大，排屑困难，因此，钻孔时的加工精度不高。（　　）

2. 一般锥柄用于直径≥ 13 mm 的钻头，而直柄用于直径 <13 mm 的钻头。 ( )

3. 台式钻床主轴下端为莫氏 3 号圆锥孔，用于安装钻夹头。 ( )

4. 摇臂钻床可以实现摇臂绕内立柱 360° 旋转。 ( )

5. 对钻头使用寿命的影响，切削速度比进给量大。 ( )

6. 钻孔时不可用嘴吹切屑或用手和棉纱清除切屑，必须用毛刷清除。 ( )

7. 钻孔借正时，若偏位较少，可在起钻的同时用力将工件向偏位的同方向推移，逐步校正。 ( )

8. 检验工件及变换主轴转速必须在停车状态下进行。 ( )

三、简答题

1. 钻孔时切削用量应如何选择？

2. 钻孔时如何进行借正操作？

3. 钻孔时应注意哪些安全事项？

任务二　扩孔、锪孔和铰孔

任务描述

任务 1：学生根据图 5–6 所示的技能训练图要求，在项目五任务一图 5–1 所示钢件孔加工完成的基础上对 ϕ8 mm 孔进行锪孔，将其加工至 ϕ12 mm，深度为（8 ± 0.5）mm，并锪 90° 孔口倒角；对 ϕ7.8 mm 孔进行铰孔，加工至 $\phi\ 8^{+0.022}_{0}$ mm，铰孔质量检测完毕再对 $\phi\ 8^{+0.022}_{0}$ mm 的孔进行扩孔，加工至 ϕ8.5 mm，并对孔口进行 C1.5 mm 倒角，为下一任务中攻螺纹做准备。

任务 2：学生根据图 5–7 所示的技能训练图要求，在项目五任务一图 5–2 所示铸铁件孔加工完成的基础上对铸铁件上的两个 ϕ7.8 mm 孔进行铰孔。

通过在图 5–6、图 5–7 所示的钢件和铸铁件上进行扩孔、锪孔和铰孔训练，了解扩孔钻、锪钻、铰刀的种类和结构特点，学会在钻床上进行扩孔及锪孔，掌握用手用铰刀在不同材料上铰孔的方法。

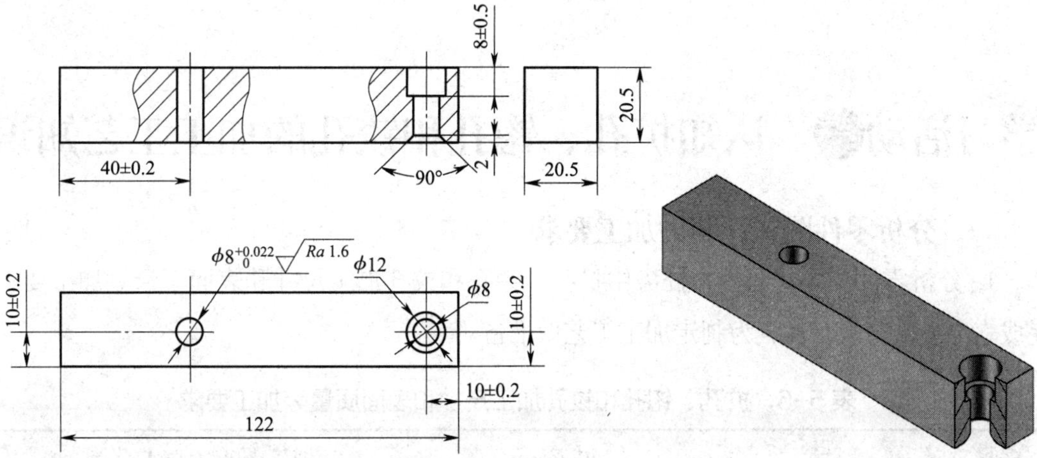

a)

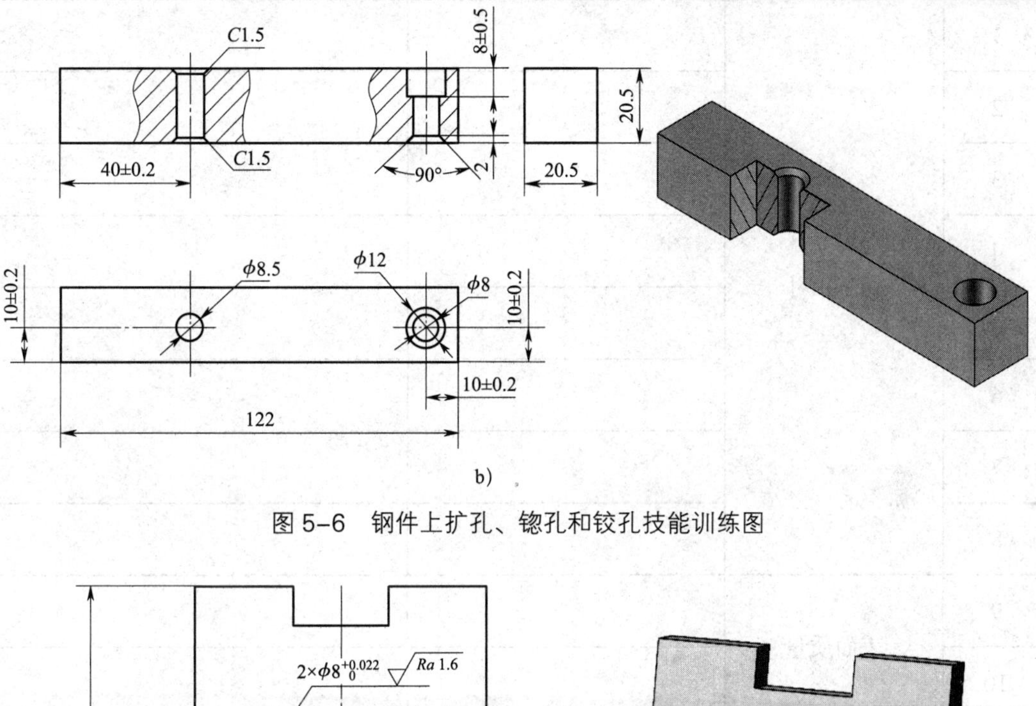

b)

图 5-6 钢件上扩孔、锪孔和铰孔技能训练图

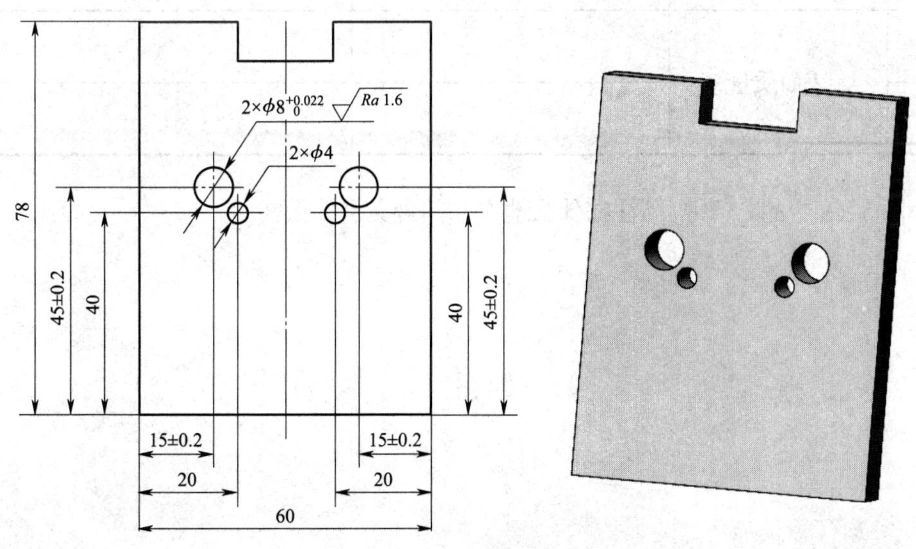

图 5-7 铸铁件上铰孔技能训练图

学习活动一　认知扩孔、锪孔和铰孔的加工工艺知识

一、分析零件图样，明确加工要求

1. 分析零件图样，明确本任务中扩孔、锪孔和铰孔加工尺寸和表面质量等加工要求，完成表 5-6 的填写工作，为制定加工工艺做准备。

表 5-6　扩孔、锪孔和铰孔加工尺寸和表面质量等加工要求

序号	项目	内容	加工要求（偏差范围）
1	加工尺寸		
2			
3			
4			
5			
6			
7			
8			
9	表面质量		
10			

2. 图 5-6a 中的 $\sqrt{Ra\,1.6}$ 标注在什么地方？其含义是什么？

二、扩孔

1. 查阅教材和国家标准等相关资料，简述扩孔钻与麻花钻的区别。

2. 查阅教材和相关资料，简述扩孔加工的特点。

三、锪孔

1. 查阅教材和相关资料，根据表 5-7 的图示填写锪钻类型和锪孔加工方法。

表 5-7　锪钻类型和锪孔加工方法

锪钻类型	锪钻图示	孔口形状	锪孔加工方法
	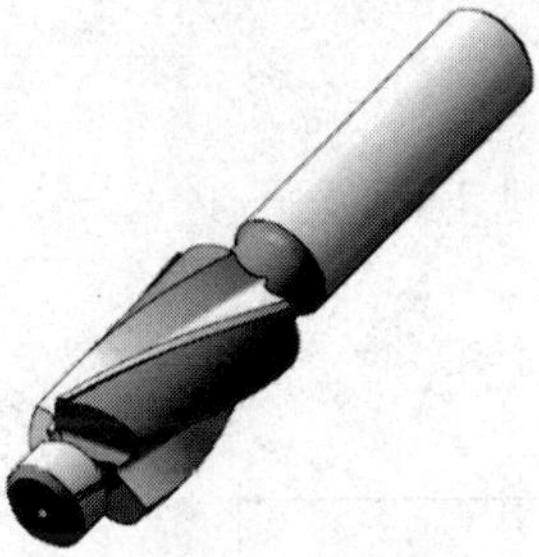	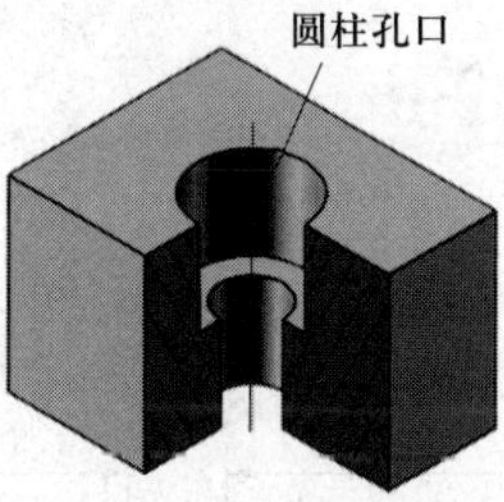 圆柱孔口	
	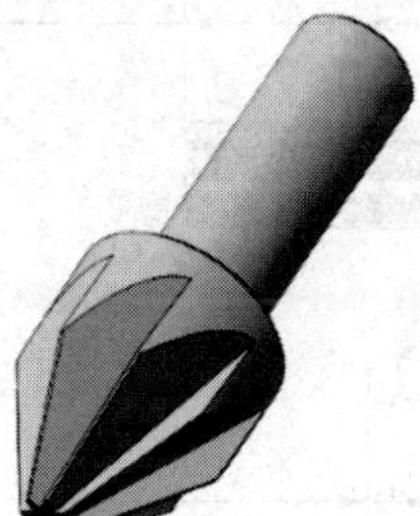	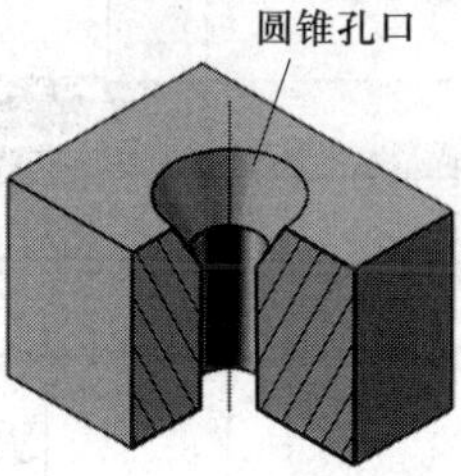 圆锥孔口	
		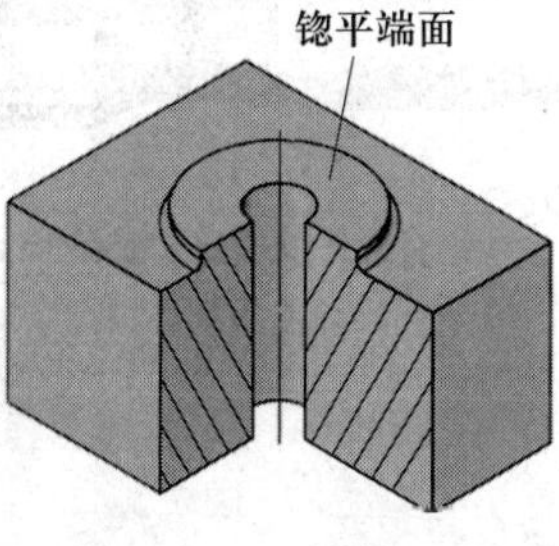 锪平端面	

2. 锪孔的目的是什么?

3. 锪孔的注意事项有哪些?

四、铰孔

1. 在图 5-8 中的括号内填出铰刀各部分的名称。

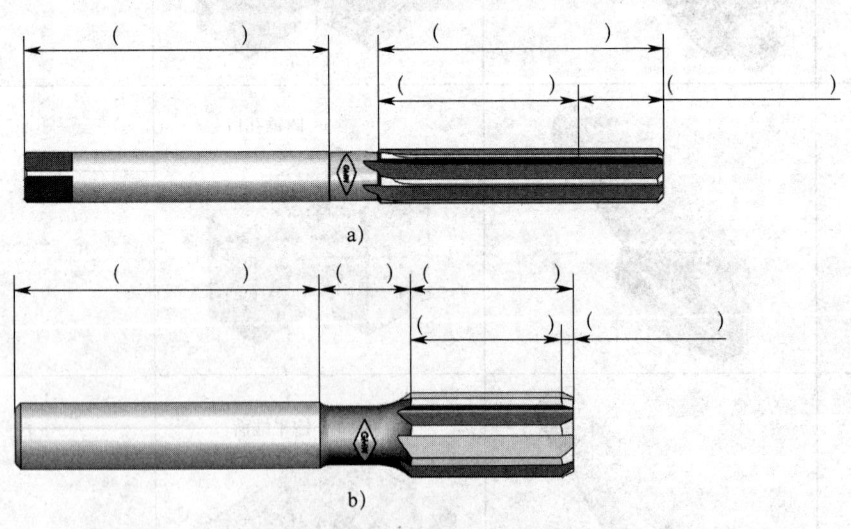

图 5-8　整体式圆柱铰刀的结构

a）手用铰刀　b）机用铰刀

2. 根据图 5-9 所示的可调节式手用铰刀的结构，简述其工作原理。

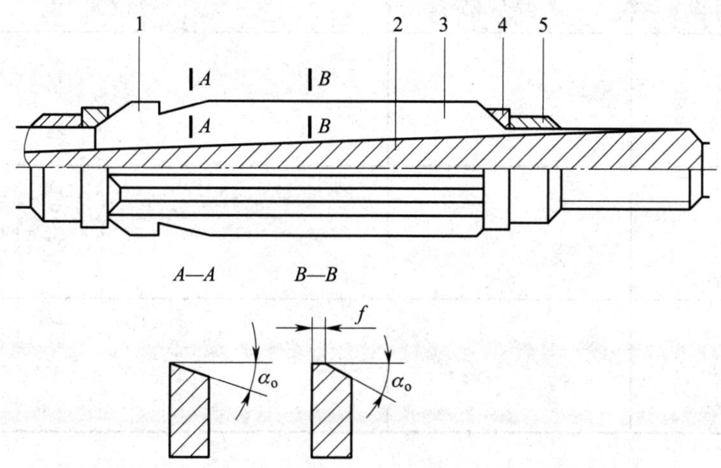

图 5-9 可调节式手用铰刀的结构

1—引导部分 2—刀体 3—刀片 4—压圈 5—调整螺母

3. 螺旋槽手用铰刀与整体式圆柱铰刀相比有哪些优点？

4. 如图 5-10 所示，在厚度为 24 mm 的 Q235 钢板上加工一个通孔，要求保证 ϕ24H9 的尺寸精度，试确定其加工步骤，并选择相应的刀具规格，然后填入表 5-8 中。

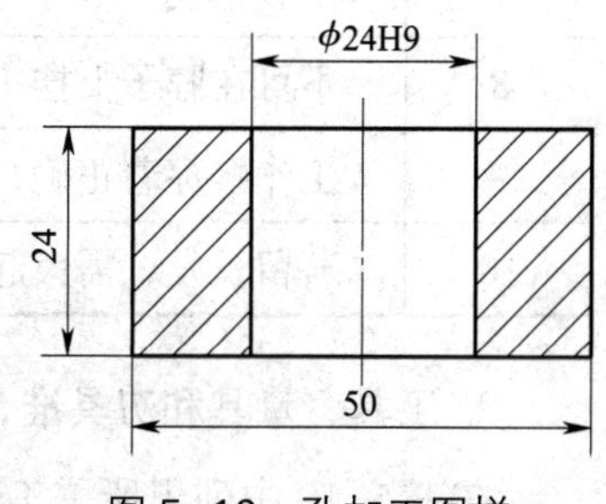

图 5-10 孔加工图样

表 5-8　孔加工步骤及相应的刀具规格

序号	步骤	刀具规格	说明
1			
2			
3			

学习活动二　扩孔、锪孔和铰孔操作

一、加工准备

1. 着装

根据生产车间着装管理规定进行着装自检，并填入表 5-9 中。

表 5-9　着装自检表

序号	着装要求	自检结果
1	进入生产车间必须穿工作服和工作鞋，戴工作帽	
2	将拉链拉至领口处，上下纽扣扣好	
3	衣领不能立起，应外翻平整	
4	将口袋上盖平整扣好，口袋内不放置笔、工作证以外的物品	
5	手臂侧兜内不放置笔以外的物品	
6	将袖口和下摆两侧纽扣扣好	
7	不着裙装，不穿短裤	
8	不可在脖子上挂工牌	
9	工作鞋穿着正确，不穿拖鞋、凉鞋和高跟鞋	
10	若留长发，需束起并塞入工作帽中	

2. 工具、量具和刃具准备

在表 5-10 中列出所需工具、量具和刃具清单，并领取工具、量具和刃具。

表 5-10　工具、量具和刃具清单

序号	名称	规格	数量	备注
1				
2				
3				
4				
5				
6				
7				
8				
9				
10				
11				

3. 领取毛坯

领取毛坯，测量并记录毛坯外形尺寸，判断毛坯是否有足够的加工余量，外形是否满足加工要求。

二、零件加工

1. 扩孔

（1）用麻花钻扩孔前应做什么准备工作?

（2）如何控制钻孔深度?

2. 铰孔

（1）简述铰孔操作的步骤。

（2）机动铰孔时如何保证铰孔质量？

（3）简述铰孔时切削液的作用，并为本任务的两个零件选择合适的切削液。

3. 锪孔

（1）简述用柱形锪钻锪孔的操作步骤及如何保证锪孔的深度。

（2）如何用锪钻进行孔口倒角操作?

（3）如何用麻花钻替代锪钻进行孔口倒角?

学习活动三 扩孔、锪孔和铰孔操作的质量检验及分析

一、明确测量要素和要求并领取量具

1. 明确扩孔、锪孔和铰孔的测量要素，领取检测量具并说明量具的名称、规格和检测内容，填入表 5-11 中。

表 5-11 量具的名称、规格和检测内容

序号	量具名称和规格	检测内容
1		
2		
3		
4		
5		
6		
7		

2. 图 5-6 和图 5-7 所示零件图中三处 $\phi 8^{+0.022}_{0}$ mm 用什么量具测量？如何测量？

二、加工质量检测

按表 5-12 所列项目与技术要求检测钢件和铸铁件，将检测结果填入表中，并根据评分标准给出得分。

表 5-12　扩孔、锪孔和铰孔训练成绩评定

序号	项目与技术要求	配分	检测结果		得分
			学生自测	教师检测	
1	扩孔、锪孔和铰孔操作姿势正确，动作规范	8			
2	（10 ± 0.2）mm（3 处）	8 × 3			
3	（40 ± 0.2）mm	10			
4	$\phi 8^{+0.022}_{0}$ mm（3 处）	4 × 3			
5	（15 ± 0.2）mm（2 处）	6 × 2			
6	（45 ± 0.2）mm（2 处）	6 × 2			
7	（8 ± 0.5）mm	8			
8	90° 倒角	4			
9	C1.5 mm（2 处）	2 × 2			
10	$Ra \leqslant 1.6$ μm（3 处）	2 × 3			
合计		100			

三、加工质量分析

对不合格项目及其产生原因进行分析和讨论，提出预防和改进措施，填入表 5-13 中。

表 5-13 加工质量分析表

不合格项目	产生原因	预防和改进措施

四、工具和量具的保养与归还

所用工具应清理干净，检查其完好性，有活动部件的工具要对其活动部件做好润滑处理。

应先检查所用量具的完好性并松开其紧固装置，使用柔软的布或纸擦拭量具表面，去除污渍，然后在测量面和活动表面涂防锈油；有专用保护盒的量具应按要求将其放入盒中。

对所有工具和量具按以上要求进行保养并分门别类整理好后归还。

五、工作总结

1. 通过扩孔、锪孔和铰孔加工练习，学习了哪些工艺知识？

2. 通过扩孔、锪孔和铰孔加工练习，总结其中有哪些关键点。

3. 试结合本任务完成情况，从工艺知识、加工过程、工件质量、安全文明生产和团队协作等方面撰写工作总结。

巩固与提高

一、填空题（将正确答案填写在横线上）

1. 用________锪平________________或________________的方法称为锪孔。

2. 锪孔的目的是保证___________与_______________的垂直度，以便在装配与孔连接的工件时，能保证_______________、________________，同时使___________________，连接可靠。

3. 常用的锪钻有________________、________________和________________三种。

4. 锪孔时，进给量为钻孔时的_______________倍，切削速度为钻孔时的__________。

5. 用________从工件孔壁上切除____________________，以提高其______________和降低________________________的方法称为铰孔。

6. 铰刀的种类很多，钳工常用的铰刀有____________________铰刀、______________________铰刀、________铰刀、____________________铰刀等。

7. 可调节式手用铰刀的刀体用__________制作，铰刀直径小于或等于 12.75 mm 时，用_________________________制作刀片；铰刀直径大于 12.75 mm 时，用_____________制作刀片。

8. 1∶30 锥铰刀的粗铰刀切削刃上开有螺旋形分布的____________，有________和________的作用，从而可减轻切削负荷。

9. 选择铰削余量时，应考虑___________________、____________________________、____________________________和______________________________、____________________

等诸多因素的综合影响。

10. 采用高速钢铰刀铰削钢件时，选择 v=________________m/min；铰削铸铁件时，选择 v=________________m/min；铰削铜件时，选择 v=________________m/min。

二、判断题（正确的打“√”，错误的打“×”）

1. 柱形锪钻在加工时是用端面切削刃进行切削的，所以轴向切削力大，切削不稳定。（ ）

2. 锪孔时应选用较大的后角，防止加工中出现多边形。（ ）

3. 精锪时，往往利用钻床停车后主轴的惯性来锪孔，以减少振动，从而获得光滑的加工表面。（ ）

4. 铰削时产生的切削力小，导向性好，故加工精度高，一般可以达到 IT9 ~ IT7 级。（ ）

5. 铰削硬材料时，虽挤压现象比较严重，但铰孔后由于材料弹性回复不大，因此孔径不会缩小。（ ）

6. 铰削带有键槽的孔必须采用螺旋槽手用铰刀。（ ）

7. 铰削余量小一些才能纠正上道工序残留的变形。（ ）

8. 若机铰时进给量过小，很难切下金属材料，形成对材料的挤压，使其产生塑形变形和表面硬化。（ ）

三、简答题

1. 什么是扩孔？扩孔加工的特点有哪些？

2. 铰削余量为什么不能太大或太小？

3. 锪孔时应注意哪些事项?

4. 简述起铰和正常铰削的操作方法。

5. 铰孔时孔径缩小的原因有哪些?

任务三　攻螺纹和套螺纹

任务描述

任务 1：学生根据图 5-11 所示的技能训练图要求，在项目五任务二图 5-6 所示工件加工完成的基础上完成 M10 内螺纹的加工，该步骤也是完成项目六任务一——錾口锤子加工的工序之一（螺孔的加工）。

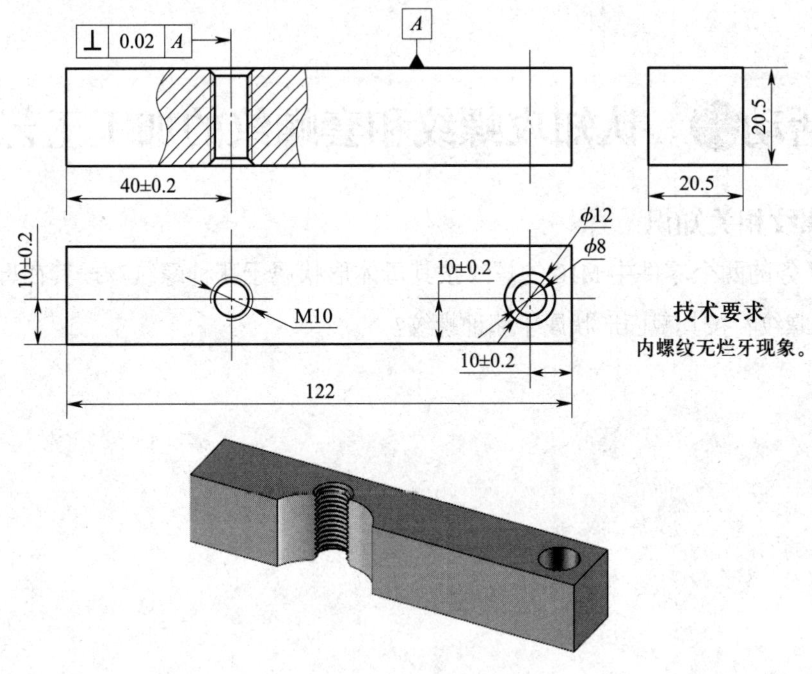

图 5-11　攻螺纹技能训练图

任务 2：学生根据图 5-12 所示的技能训练图要求，在 ϕ12 mm × 250 mm 的圆杆上［一端由车工预先车好 ϕ9.8 mm ×（20 ± 0.5）mm 的台阶］完成 M10 外螺纹的加工。

通过在图 5-11、图 5-12 所示工件上进行攻螺纹和套螺纹训练，使学生学会正确使用攻螺纹、套螺纹的常用工具进行内、外螺纹的加工，掌握攻螺纹、套螺纹的基本操作技能。

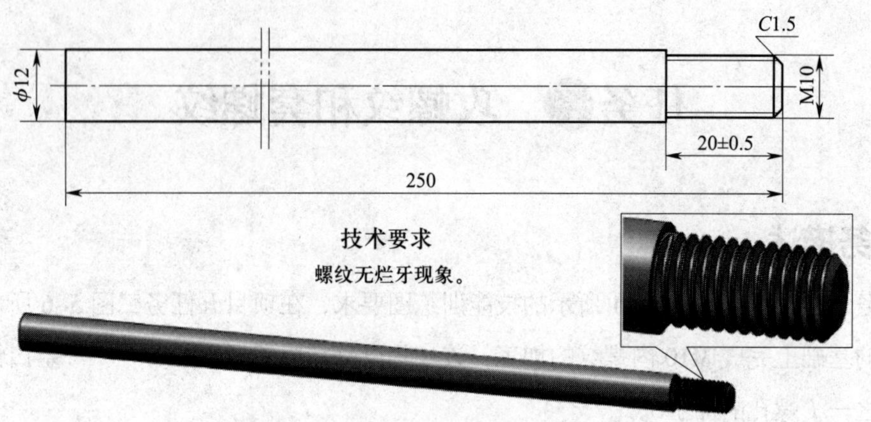

图 5-12 套螺纹技能训练图

学习活动一 认知攻螺纹和套螺纹的加工工艺知识

一、螺纹相关知识

1. 本任务的两个零件中 M10 的螺纹按其母体形状属于哪种螺纹？按其在母体所处位置属于哪种螺纹？按其截面形状属于哪种螺纹？

2. 普通螺纹的主要参数有哪些？

3. 在图 5-13 的括号内填出螺纹的部分参数和部位名称。

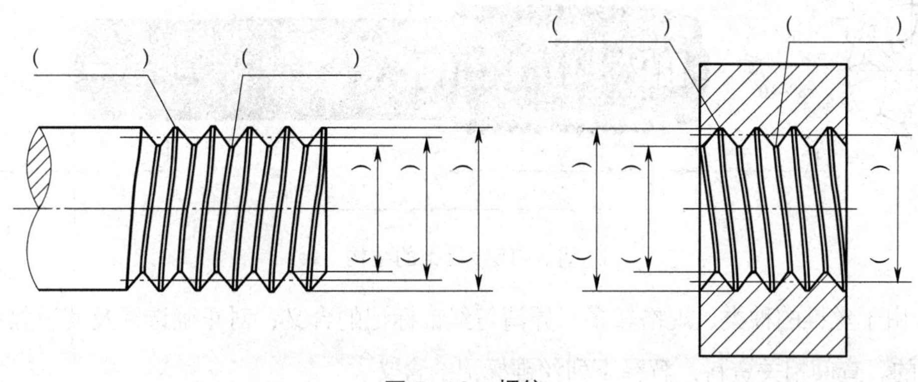

图 5-13　螺纹

二、攻螺纹

1. 如图 5-11 所示 M10 的内螺纹是采用攻螺纹的方法加工的。查阅相关资料，写出攻螺纹的概念。

2. 丝锥是一种多刃成形刀具，丝锥的种类有手用丝锥、机用丝锥等，如图 5-14 所示。查阅相关资料，说明手用丝锥常用哪种材料制造，机用丝锥常用哪种材料制造。

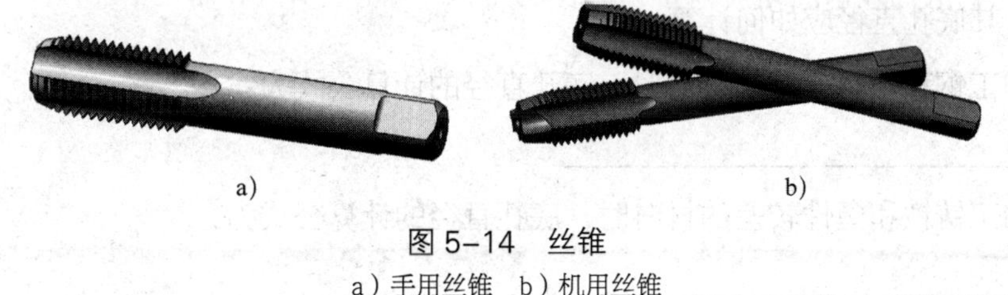
a)　　b)

图 5-14　丝锥

a）手用丝锥　b）机用丝锥

3. 丝锥由柄部和工作部分组成，工作部分由切削部分和校准部分组成。如图 5-15 所示为丝锥的结构，查阅教材或咨询教师，在括号内填出丝锥各组成部分的名称。

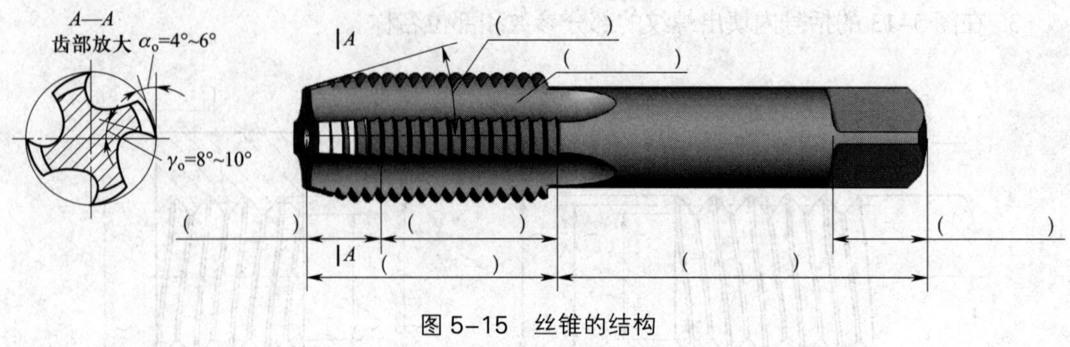

图 5-15　丝锥的结构

4. 由于丝锥的种类、规格较多，弄清楚丝锥标记的含义，对正确选择及使用丝锥是很有必要的。查阅相关资料，解释下列丝锥标记的含义。

（1）M10

（2）M10×1

5. 攻螺纹时，由于丝锥对金属层有较强的挤压作用，使攻出内螺纹的小径小于底孔直径，因此，攻螺纹前的底孔直径应稍大于内螺纹小径。阅读教材，明确在下列两种材料上攻螺纹时，其底孔直径应如何计算。

（1）加工钢和塑性较好的材料时，底孔直径的计算公式为：

$D_{钻}$=______________________________。

（2）加工铸铁和塑性较差的材料时，底孔直径的计算公式为：

$D_{钻}$=______________________________。

6. 攻螺纹前要对底孔孔口进行倒角（通孔螺纹两端孔口都要倒角），且倒角处的直径应略大于螺纹公称直径，这是为什么？

7. 试计算在钢件上攻 M18 螺纹时的底孔直径。若攻不通孔螺纹，其螺纹有效深度为 45 mm，求底孔深度。

三、套螺纹

1. 如图 5–12 所示 M10 的外螺纹是采用套螺纹的方法加工的。查阅相关资料，写出套螺纹的概念。

2. 如图 5–16 所示为圆板牙的结构，它由切削部分、校准部分和排屑孔组成。它本身就相当于一个具有很高硬度的螺母，螺孔周围制有几个排屑孔而形成切削刃。圆板牙两端的切削部分都有切削锥，待一端磨损后，可换另一端使用。圆板牙的中间一段是校准部分，也是套螺纹的导向部分。查阅教材或咨询教师，在图 5–16 的括号内填出圆板牙各组成部分的名称。

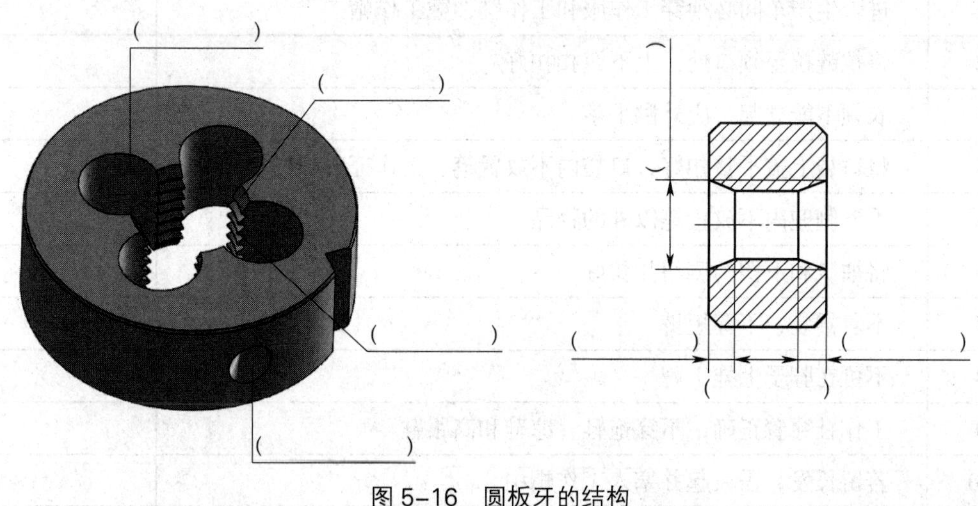

图 5–16　圆板牙的结构

3. 套螺纹与用丝锥攻螺纹一样，用圆板牙在工件上套螺纹时，材料同样因受挤压而变形，牙顶将被挤高一些。因此，套螺纹前圆杆直径应稍小于螺纹的大径，一般圆杆直径的计算公式为 $d_{杆}$=________________。

4. 如图 5–17 所示，套螺纹的圆杆端部为什么通常要倒角 15° ~ 20°？

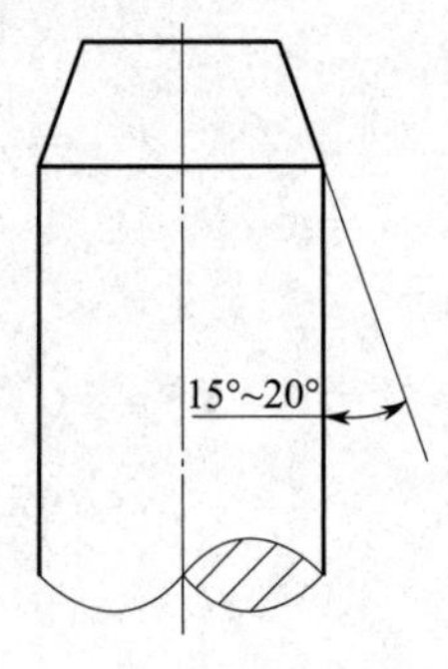

图 5–17 圆杆倒角

学习活动二 攻螺纹和套螺纹操作

一、加工准备

1. 着装

根据生产车间着装管理规定进行着装自检，并填入表 5–14 中。

表 5–14 着装自检表

序号	着装要求	自检结果
1	进入生产车间必须穿工作服和工作鞋，戴工作帽	
2	将拉链拉至领口处，上下纽扣扣好	
3	衣领不能立起，应外翻平整	
4	将口袋上盖平整扣好，口袋内不放置笔、工作证以外的物品	
5	手臂侧兜内不放置笔以外的物品	
6	将袖口和下摆两侧纽扣扣好	
7	不着裙装，不穿短裤	
8	不可在脖子上挂工牌	
9	工作鞋穿着正确，不穿拖鞋、凉鞋和高跟鞋	
10	若留长发，需束起并塞入工作帽中	

2. 工具、量具和刃具准备

在表 5-15 中列出所需工具、量具和刃具清单，并领取工具、量具和刃具。

表 5-15 工具、量具和刃具清单

序号	名称	规格	数量	备注
1				
2				
3				
4				
5				
6				
7				
8				
9				

3. 领取毛坯

领取毛坯，测量并记录毛坯外形尺寸，判断毛坯是否有足够的加工余量，外形是否满足加工要求。

二、零件加工

1. 查阅教材并结合实际操作，简述攻螺纹的操作步骤。

2. 攻螺纹时，如何保证攻出的螺纹与底孔轴线同轴？

3. 攻螺纹时，丝锥要经常正转 1/2 ~ 1 圈后倒转 1/4 ~ 1/2 圈，这是为什么？

4. 当丝锥的切削部分全部切入工件后，是否还要对丝锥施加压力？

5. 简述套螺纹的操作步骤。

学习活动三 攻螺纹和套螺纹操作的质量检验及分析

一、明确测量要素和要求并领取量具

1. 明确攻螺纹和套螺纹的测量要素，领取检测量具并说明量具的名称、规格和检测内容，填入表 5–16 中。

表 5–16 量具的名称、规格和检测内容

序号	量具名称和规格	检测内容
1		
2		
3		
4		

2. 若要综合检测图 5–12 所示套螺纹技能训练图中 M10 外螺纹的质量，通过查阅资料或咨询教师，说明应选用的量具及如何测量。

二、加工质量检测

按表 5–17 所列项目与技术要求检测攻螺纹和套螺纹工件，将检测结果填入表中，并根据评分标准给出得分。

表 5–17 攻螺纹和套螺纹训练成绩评定

序号	项目与技术要求	配分	检测结果		得分
			学生自测	教师检测	
1	攻螺纹操作姿势正确，动作规范	30			
2	套螺纹操作姿势正确，动作规范	30			
3	内、外螺纹无烂牙现象	20			
4	内、外螺纹配合松紧一致	10			
5	内、外螺纹配合后垂直度误差小于或等于 0.02 mm	10			
合计		100			

三、加工质量分析

对不合格项目及其产生原因进行分析和讨论，提出预防和改进措施，填入表5-18中。

表5-18　加工质量分析表

不合格项目	产生原因	预防和改进措施

四、工具和量具的保养与归还

所用工具应清理干净，检查其完好性，有活动部件的工具要对其活动部件做好润滑处理。

应先检查所用量具的完好性并松开其紧固装置，使用柔软的布或纸擦拭量具表面，去除污渍，然后在测量面和活动表面涂防锈油；有专用保护盒的量具应按要求将其放入盒中。

对所有工具和量具按以上要求进行保养并分门别类整理好后归还。

五、工作总结

1. 通过攻螺纹和套螺纹加工练习，学习了哪些工艺知识？

2. 通过攻螺纹和套螺纹加工练习，总结其中有哪些关键点。

3. 试结合本任务完成情况，从工艺知识、加工过程、工件质量、安全文明生产和团队协作等方面撰写工作总结。

巩固与提高

一、填空题（将正确答案填写在横线上）

1. 丝锥是加工________螺纹用的工具，有________丝锥和________丝锥。

2. 攻螺纹时，丝锥在切削金属的同时，还伴随着较强的挤压作用，因此，攻螺纹前的________________应稍大于____________________。

3. 手用丝锥用____________________或____________________制成，一般由________或________组成一组，其螺纹公差带为________。

4. 圆板牙是加工________螺纹的工具，由_________________、_________________和____________组成。

5. 为了使圆板牙起套时容易切入工件并做正确引导，圆杆端部要倒成圆锥半角为________________的锥体。倒角的最小直径可____________螺纹小径，以免螺纹端部出现锋口和卷边。

6. 套螺纹时，切削力矩较大，且工件为圆杆，一般要用___________或___________作衬垫，才能保证工件夹紧可靠。

二、判断题（正确的打“√”，错误的打“×”）

1. 攻螺纹时，螺纹底孔越大越好，这样不容易箍住丝锥。（　　）

2. 丝锥前端磨出切削锥角，切削负荷分布在几个刀齿上，使切削省力，便于其切入工件。（　　）

3. 当丝锥的切削部分全部进入工件时，则不需要再施加压力，而靠丝锥做旋进切削。
（　）

4. 套螺纹前圆杆直径应稍小于螺纹的大径。（　）

5. 攻不通孔螺纹时，丝锥不要完全退出，只需退 1 ~ 2 圈后继续攻螺纹。（　）

三、简答题

1. 简述攻螺纹的操作要点。

2. 简述圆板牙的结构特点。

3. 简述套螺纹的操作方法。

4. 用计算法确定在钢件上攻 M16 的螺纹前钻底孔的钻头直径。

5. 需在钢件上套 M8、M10、M12 的螺纹，试确定圆杆直径。

项目六 综合加工

任务一 錾口锤子加工

任务描述

综合前面已学过的划线、锯削、锉削、孔加工等基本操作技能，通过錾口锤子的加工初步体验钳工制作产品的完整过程，进一步提高学生学习钳工的兴趣。

本任务是在划线（项目二任务二）、锯削（项目三任务二）、锉削（项目四任务三）、孔加工（项目五任务一、任务二、任务三）的基础上，完成錾口锤子（见图 6–1）加工的全部工作。

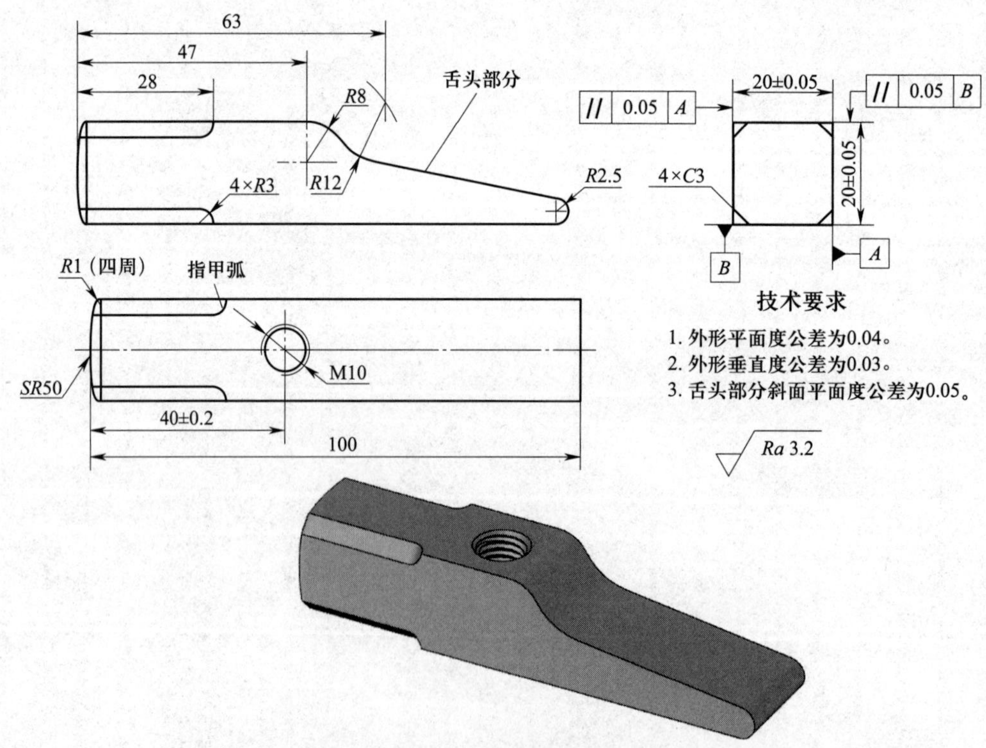

图 6–1 錾口锤子加工技能训练图

学习活动一　錾口锤子加工工艺分析

一、分析零件图样，明确加工要求

1. 錾口锤子零件图主要应用了哪几个视图来表达零件的几何特性？各视图分别表达了錾口锤子的哪些几何特性？

2. 图 6–1 中尺寸“4 × *C*3”的含义是什么？

3. 如图 6–1 所示，为什么 $\sqrt{Ra\ 3.2}$ 没有标注在零件加工表面上，而是放在了图样的右下角（标题栏的上方）？

4. 图 6–1 中錾口锤子头部尺寸“*SR*50”的含义是什么？

二、曲面锉削

1. 简述外圆弧面锉削的方法和动作要领。

2. 简述内圆弧面锉削的方法和动作要领。

3. 如何进行球面的锉削？

三、加工工艺分析与制定

分析錾口锤子的加工工艺，确定其加工步骤，填入表 6-1 中，并绘制工序简图。

表 6-1　制定錾口锤子的加工步骤并绘制工序简图

序号	加工步骤	工序简图
1		
2		
3		
4		

续表

序号	加工步骤	工序简图
5		
6		
7		
8		
9		

学习活动二　錾口锤子的制作

一、加工准备

1. 着装

根据生产车间着装管理规定进行着装自检，并填入表 6–2 中。

表 6-2 着装自检表

序号	着装要求	自检结果
1	进入生产车间必须穿工作服和工作鞋，戴工作帽	
2	将拉链拉至领口处，上下纽扣扣好	
3	衣领不能立起，应外翻平整	
4	将口袋上盖平整扣好，口袋内不放置笔、工作证以外的物品	
5	手臂侧兜内不放置笔以外的物品	
6	将袖口和下摆两侧纽扣扣好	
7	不着裙装，不穿短裤	
8	不可在脖子上挂工牌	
9	工作鞋穿着正确，不穿拖鞋、凉鞋和高跟鞋	
10	若留长发，需束起并塞入工作帽中	

2. 工具、量具和刃具准备

在表 6-3 中列出所需工具、量具和刃具清单，并领取工具、量具和刃具。

表 6-3 工具、量具和刃具清单

序号	名称	规格	数量	备注
1				
2				
3				
4				
5				
6				
7				
8				
9				
10				
11				
12				
13				
14				
15				
16				

3. **领取毛坯**

领取毛坯，测量并记录毛坯外形尺寸，判断毛坯是否有足够的加工余量，外形是否满足加工要求。

二、零件加工

1. 精锉长方体外形

按图 6-2 所示尺寸精锉长方体，将操作步骤填入表 6-4 中。

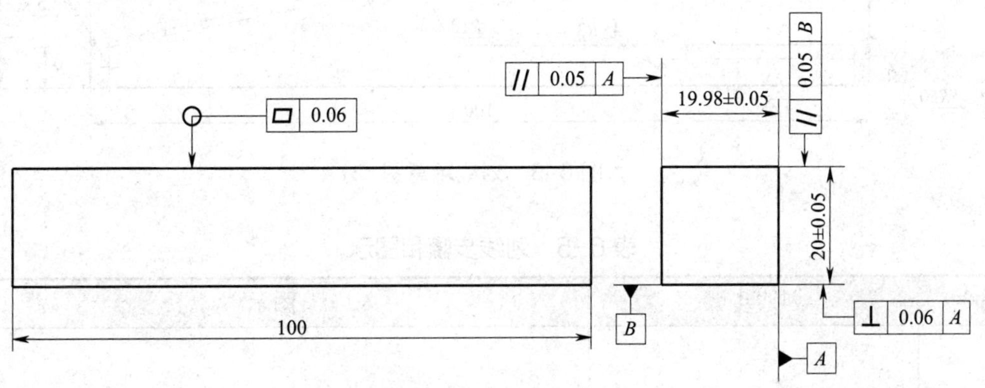

图 6-2 精锉长方体

表 6-4 精锉长方体操作步骤

序号	操作步骤	图示
1		平行面 平行面 B A
2		
3		
4		
5		
6		

2. **划线**

擦去工件表面油污，涂红丹粉（或蓝油）。采用游标高度卡尺、钢直尺、划规、划针，按图 6–3 所示尺寸划出锤子舌头部分、头部圆弧和倒角轮廓线等。观看錾口锤子划线演示动画，将具体划线步骤和图示填入表 6–5 中。

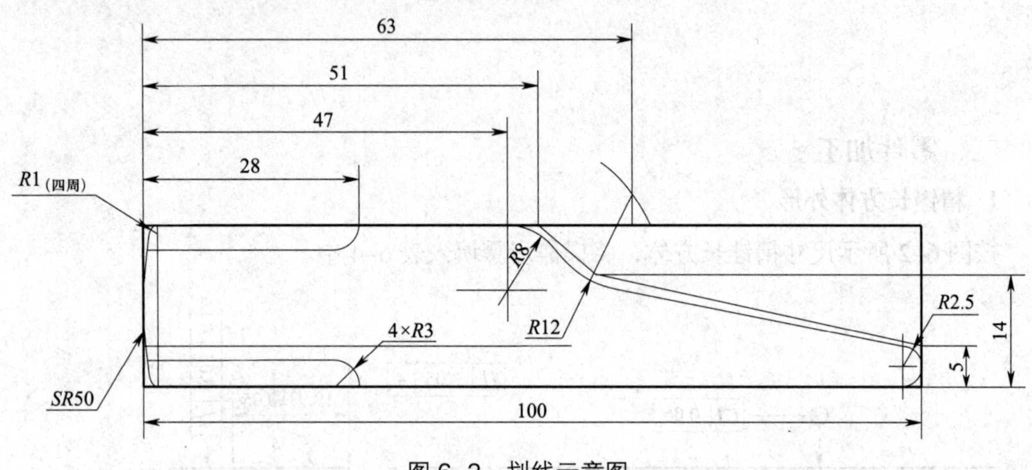

图 6–3　划线示意图

表 6–5　划线步骤和图示

序号	划线步骤	图示
1		
2		
3		
4		

续表

序号	划线步骤	图示
5		
6		

3. 锉削倒角和指甲弧

简述 4 × C3 mm 倒角和指甲弧的锉削方法。

4. 粗、精加工錾口锤子舌头部分

按图 6–4 所示尺寸，将錾口锤子舌头部分粗、精加工的操作步骤和使用的锉刀规格填入表 6–6 中。

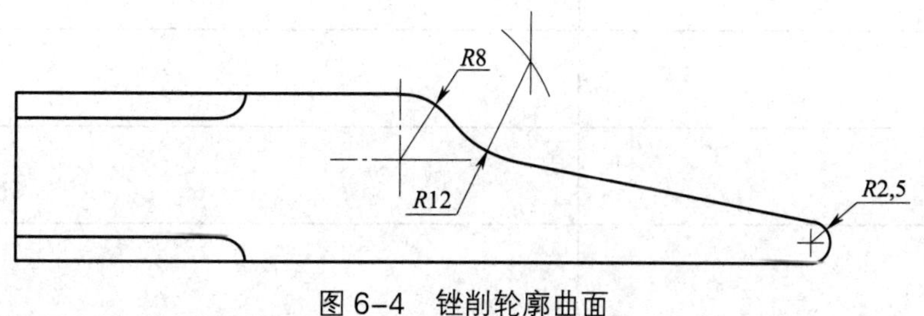

图 6–4 锉削轮廓曲面

表 6-6　錾口锤子舌头部分粗、精加工的操作步骤和使用的锉刀规格

序号	操作步骤	使用的锉刀规格
1		
2		
3		
4		
5		
6		
7		
8		

学习活动三　錾口锤子加工的质量检验及分析

一、明确测量要素和要求并领取量具

1. 明确錾口锤子的测量要素，领取检测量具并说明量具的名称、规格和检测内容，填入表 6-7 中。

表 6-7　量具的名称、规格和检测内容

序号	量具名称和规格	检测内容
1		
2		
3		
4		

2. 图 6–1 所示錾口锤子加工技能训练图中的内、外圆弧面可以使用什么量具测量？简述其测量方法。

二、加工质量检测

按表 6–8 所列项目与技术要求检测錾口锤子，将检测结果填入表中，并根据评分标准给出得分。

表 6–8 錾口锤子加工训练成绩评定

序号	项目与技术要求	配分	检测结果		得分
			学生自测	教师检测	
1	（20 ± 0.05）mm（2 处）	4 × 2			
2	// 0.05 B	3			
3	// 0.05 A	3			
4	外形垂直度公差 0.03 mm（4 处）	3 × 4			
5	*C*3 mm（4 处）	3 × 4			
6	*R*3 mm 内圆弧连接圆滑，无尖端塌角（4 处）	3 × 4			
7	*R*12 mm 与 *R*8 mm 圆弧面连接圆滑	12			
8	舌头部分斜面平面度公差 0.05 mm	8			
9	外形平面度公差 0.04 mm（4 处）	3 × 4			
10	*R*2.5 mm 圆弧面圆滑	2			
11	棱线清楚，倒角均匀	4			
12	表面光滑，纹理整齐	4			
13	安全文明生产	8			
合计		100			

三、加工质量分析

对不合格项目及其产生原因进行分析和讨论，提出预防和改进措施，填入表 6–9 中。

表 6-9 加工质量分析表

不合格项目	产生原因	预防和改进措施

四、工具和量具的保养与归还

所用工具应清理干净，检查其完好性，有活动部件的工具要对其活动部件做好润滑处理。

应先检查所用量具的完好性并松开其紧固装置，使用柔软的布或纸擦拭量具表面，去除污渍，然后在测量面和活动表面涂防锈油；有专用保护盒的量具应按要求将其放入盒中。

对所有工具和量具按以上要求进行保养并分门别类整理好后归还。

五、工作总结

1. 通过錾口锤子的加工练习，学习了哪些工艺知识？

2. 通过錾口锤子的加工练习，总结其中有哪些关键点。

3. 试结合本任务完成情况，从工艺知识、加工过程、工件质量、安全文明生产和团队协作等方面撰写工作总结。

巩固与提高

一、填空题（将正确答案填写在横线上）

1. 常见的曲面锉削是单一的________________、________________和________的锉削。

2. 锉削内圆弧面时，锉刀要同时完成三个运动：__________________________________、__________________________________、__________________________________。

3. 常采用半径样板检查曲面的____________，半径样板通常包括________________和________________两类。

二、简答题

1. 简述外圆弧面的锉削方法。

2. 如何锉削图 6–1 中錾口锤子的指甲弧？

任务二　定位键加工

任务描述

本任务是在划线、锯削（项目三任务一）、锉削（项目四任务二）、钻孔（项目五任务一中任务 2）的基础上，完成图 6–5 所示定位键的加工。

通过进行定位键加工训练，掌握具有对称度要求工件的相关间接尺寸的换算及测量方法，从而进一步提高按图划线加工工件的能力及锉削、锯削等基本操作技能。

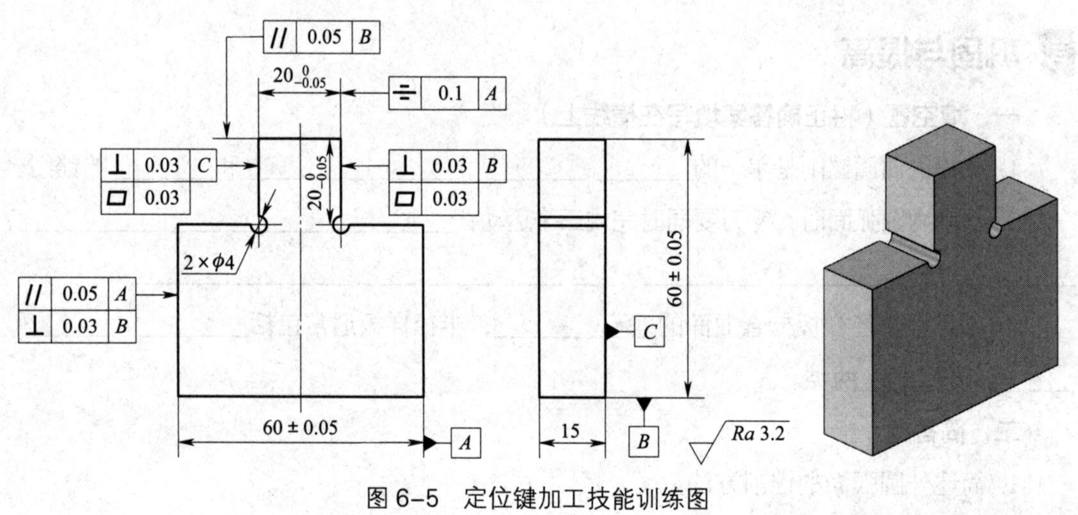

图 6–5　定位键加工技能训练图

学习活动一　定位键加工工艺分析

一、分析零件图样，明确加工要求

1. 分析零件图样，明确本任务中定位键加工尺寸、几何公差和表面质量等加工要求，完成表 6–10 的填写工作，为制定加工工艺做准备。

表 6-10　定位键加工尺寸、几何公差和表面质量等加工要求

序号	项目	内容	加工要求（偏差范围）
1	加工尺寸		
2			
3			
4			
5	几何公差		
6			
7			
8			
9			
10			
11			
12	表面质量		

2. 图 6–5 中 ⌯ 0.1 A 的含义是什么？

3. 图 6–5 中 ►⌐A 的含义是什么？

二、百分表

1. 简述指示表的工作原理和适用场合。

2. 在图 6–6 的横线上填出百分表各部分结构的名称。

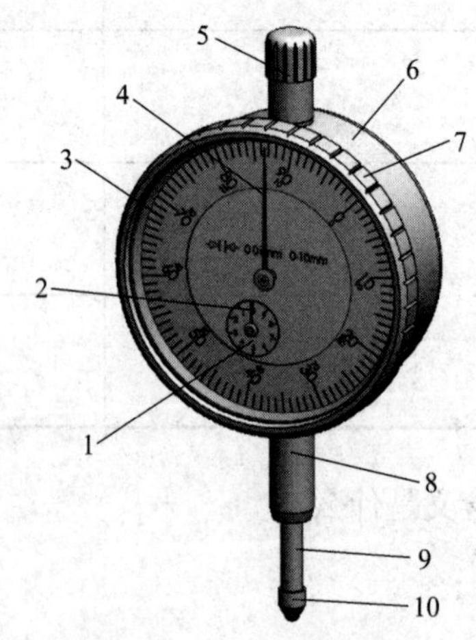

图 6–6　百分表的结构

1—________　2—________　3—________

4—________　5—________　6—________

7—________　8—________　9—________

10—________

3. 简述百分表的标记原理与示值读取方法。

4. 简述使用百分表的注意事项。

三、对称度

1. 什么是对称度误差?

2. 什么是对称度公差带?

3. 对称度误差有哪些测量方法？

四、加工工艺分析与制定

分析定位键的加工工艺，确定其加工步骤，填入表 6–11 中，并绘制工序简图。

表 6–11　制定定位键的加工步骤并绘制工序简图

序号	加工步骤	工序简图
1		
2		
3		
4		
5		

学习活动二　定位键制作

一、加工准备

1. 着装

根据生产车间着装管理规定进行着装自检，并填入表 6–12 中。

表 6–12　着装自检表

序号	着装要求	自检结果
1	进入生产车间必须穿工作服和工作鞋，戴工作帽	
2	将拉链拉至领口处，上下纽扣扣好	
3	衣领不能立起，应外翻平整	
4	将口袋上盖平整扣好，口袋内不放置笔、工作证以外的物品	
5	手臂侧兜内不放置笔以外的物品	
6	将袖口和下摆两侧纽扣扣好	
7	不着裙装，不穿短裤	
8	不可在脖子上挂工牌	
9	工作鞋穿着正确，不穿拖鞋、凉鞋和高跟鞋	
10	若留长发，需束起并塞入工作帽中	

2. 工具、量具和刃具准备

在表 6–13 中列出所需工具、量具和刃具清单，并领取工具、量具和刃具。

表 6–13　工具、量具和刃具清单

序号	名称	规格	数量	备注
1				
2				
3				
4				
5				
6				
7				
8				

续表

序号	名称	规格	数量	备注
9				
10				
11				
12				
13				
14				
15				

3. 领取毛坯

领取毛坯，测量并记录毛坯外形尺寸，判断毛坯是否有足够的加工余量，外形是否满足加工要求。

二、零件加工

1. 加工定位键的凸台时能否将两边的直角部分同时锯掉？为什么？

2. 定位键中凸台的对称度公差 | ⌯ | 0.1 | A | 应如何保证？

学习活动三　定位键加工的质量检验及分析

一、明确测量要素和要求并领取量具

1. 明确定位键的测量要素，领取检测量具并说明量具的名称、规格和检测内容，填入表 6–14 中。

表 6–14　量具的名称、规格和检测内容

序号	量具名称和规格	检测内容
1		
2		
3		
4		
5		
6		
7		

2. 图 6–5 所示定位键加工技能训练图中的 [⌯ | 0.1 | A] 用什么量具测量？简述其测量方法。

二、加工质量检测

按表 6-15 所列项目与技术要求检测定位键，将检测结果填入表中，并根据评分标准给出得分。

表 6-15　定位键加工训练成绩评定

序号	项目与技术要求	配分	检测结果		得分
			学生自测	教师检测	
1	（60 ± 0.05）mm（2 处）	8 × 2			
2	$20_{-0.05}^{0}$ mm（凸台宽度）	8			
3	$20_{-0.05}^{0}$ mm（凸台高度）	8			
4	⏥ 0.03（2 处）	4 × 2			
5	⊥ 0.03 *B*（凸台两侧面）	4 × 2			
6	⊥ 0.03 *C*（凸台两侧面）	4 × 2			
7	⌯ 0.1 *A*	14			
8	// 0.05 *A*	6			
9	// 0.05 *B*	6			
10	⊥ 0.03 *B*	5			
11	$Ra \leqslant 3.2$ μm	8			
12	安全文明生产	5			
合计		100			

三、加工质量分析

对不合格项目及其产生原因进行分析和讨论，提出预防和改进措施，填入表 6-16 中。

表 6-16　加工质量分析表

不合格项目	产生原因	预防和改进措施

四、工具和量具的保养与归还

所用工具应清理干净，检查其完好性，有活动部件的工具要对其活动部件做好润滑处理。

应先检查所用量具的完好性并松开其紧固装置，使用柔软的布或纸擦拭量具表面，去除污渍，然后在测量面和活动表面涂防锈油；有专用保护盒的量具应按要求将其放入盒中。

对所有工具和量具按以上要求进行保养并分门别类整理好后归还。

五、工作总结

1. 通过定位键的加工练习，学习了哪些工艺知识？

2. 通过定位键的加工练习，总结其中有哪些关键点。

3. 试结合本任务完成情况，从工艺知识、加工过程、工件质量、安全文明生产和团队协作等方面撰写工作总结。

巩固与提高

一、填空题（将正确答案填写在横线上）

1. 对称度误差是指________________与________________之间的最大偏移距离。

2. 对称度公差带是指__________________且相对于______________对称配置的两个平行平面之间的区域。

3. 百分表主要用来测量工件的________和__________，也可用于检验机床的__________或_________________________________等。

4. 百分表主要由______、________、________、________、______、______、______等组成。

5. 钳工常用百分表的测量范围一般有__________mm、__________mm 和__________mm 等几种规格，通常可用来进行精度为_____________级工件的检测。

6. 在实际操作中，测量对称度误差经常采用______________________和____________________________两种方法。

二、判断题（正确的打“√”，错误的打“×”）

1. 钳工常用的是分度值为 0.001 mm 的百分表。（　　）

2. 不允许用百分表测量过于粗糙的工件。（　　）

3. 测量时百分表测量杆的升降范围不宜过大，以减小由于存在间隙而产生的误差。（　　）

4. 加工凸台时，应把两边直角部分同时锯掉，这样可以减少装夹次数，提高效率。（　　）

三、简答题

简述用百分表测量定位键对称度误差的方法。